DVDでよくわかる!

藤井 聡の 愛犬のしつけ

日本訓練士養成学校 教頭
藤井 聡

日本文芸社

はじめに

楽しくうるおいのある毎日を求めて、犬を飼う人はますます増えています。犬と一緒の生活は、私たち現代人の心をいやしてくれる貴重な経験です。

ところがいざ飼い始めると、散歩が上手にできなかったり、いたずらやそそうをする、吠える、かむなど、さまざまなトラブルや問題行動に直面することがあります。

「こんなはずじゃなかったのに……」と、理想と現実のギャップに戸惑う飼い主さんも少なくないことでしょう。

私は長年、犬の訓練やしつけに携わってきました。その経験からつくづく感じることは、「初めから問題のある犬はいない」「頭の悪い犬なんていない」ということです。

これまで飼い主さんが私のところへ相談にこられたケースでは、甘やかしすぎ、思いこみや俗説、自己流でしつけをしているなど、犬ではなく、飼い方に問題がある場合がほとんどといってよいと思います。

おりこうな犬になるか、ダメ犬になるか、それはすべて飼い主さん次第なのです。

この本では、私の長年の経験と知識にもとづき、犬の習性や本能に根ざした正しいしつけの方法をわかりやすく紹介します。

DVDの動画もあわせて見ることで、しつけの流れや動作についても、いっそう理解を深めていただくことができると思います。

愛犬との絆を深め、人も犬も幸せな暮らしを送るために、ご家族みんなで役立てていただければ幸いです。

藤井　聡

CONTENTS

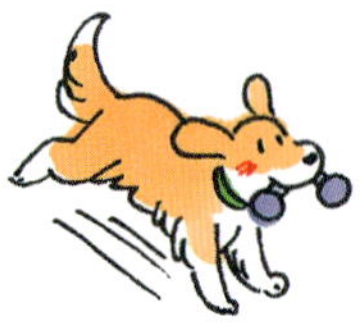

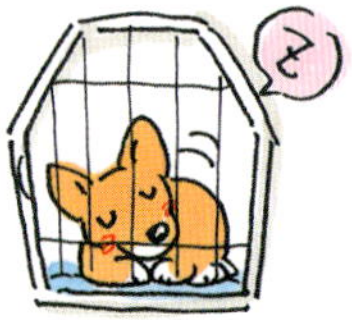

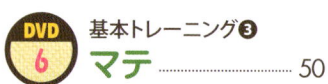

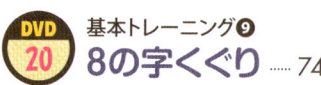

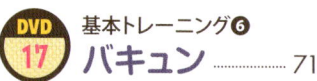

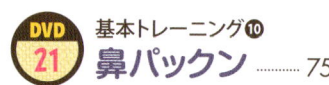

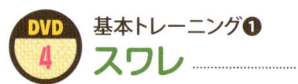

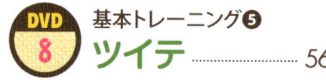

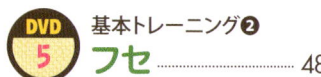

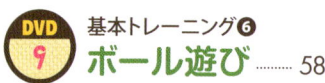

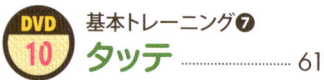

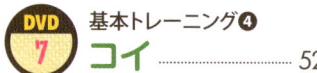

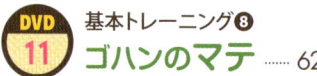

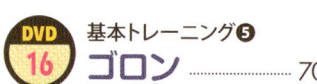

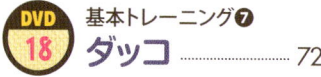

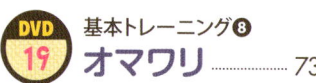

PART 5 はじめが肝心！　よいワンコに育つ

子犬のしつけ

PART 6 お悩み解決！

しつけのツボ

本とDVDの使い方

この本では、愛犬のしつけの方法を、豊富な写真とともにわかりやすく紹介しています。
また、DVDでは、次のパートのしつけについて、動画で詳しく説明しています。

PART 2 自然と飼い主に従うようになる「藤井式3大しつけ法」をマスター

PART 3 ワンコが進んで行動する!「基本トレーニング」

PART 4 できるワンコはひと味違う!「応用トレーニング」

本とDVDをあわせて活用して、
あなたの愛犬のしつけに役立ててください!

DVDに収録したメニューのナンバーです。本とあわせて参照してください。

しつけのちょっとしたコツは、「ワンPOINT!」で紹介しています。

写真と文章で、それぞれのしつけのプロセスをわかりやすく解説しています。

ついやってしまいがちな、しつけの間違いは「こんなやり方はNG」で解説しています。

DVDをご覧になる前にお読みください。

付属DVDに関する注意事項

- 本DVDは、DVDプレイヤーにセットすれば自動再生します。
おことわり・オープニング映像後にメニュー画面が表示されますので、
お好きなボタンを選んでお楽しみください。
- 本DVDはDVD-VIDEOです。DVD再生機能を持ったパソコン等でもご覧になれますが、動作の保証はできません。再生不備などの不都合が生じた場合、弊社は動作保証の責任は負いません。あらかじめご了承ください。

PART 1

ワンコがたちまちおりこうになる!

意外や意外「7つの法則」

7つの法則 その1「縄張りの法則」

放し飼いはストレスのもと!

ホントは狭いところが落ち着くワン

犬を室内飼いする人は増えていますが、家の中のどこでも自由に行き来できるようにしていると、犬は落ち着かなくなります。安心できる「ハウス」で過ごせるようにしつけをしましょう。

居場所が決まっているほうが犬は安心して過ごせる

「犬は家族の一員だから、狭いところに閉じ込めるのはかわいそう！」。そう考える飼い主さんは多いかもしれません。しかし、実はこのような飼い方は、犬にとってはストレスになるのです。

犬は野性時代、横穴を掘って、その中を自分の居場所にしていました。「狭いところが大好き！」というのが犬本来の習性なのです。

●縄張り意識が強い犬の特性を理解しよう

部屋の中で放し飼いにすると、犬は部屋全体を自分の縄張りとして認識します。その結果、常に部屋全体に警戒心を働かせ、神経を張り詰めていることになります。

いたずらをする、留守番ができないなど、トラブルの多くは実は放し飼いのストレスが原因です。

●「ハウス」のしつけは、子犬のうちから

放し飼いはやめて、犬はハウスで過ごさせる習慣をつけましょう。そうすれば、ストレスもたまらず、いつもおだやかな気持ちで過ごせます。ハウスで飼えば、トイレのしつけも簡単です。

子犬のうちからハウスのしつけをしましょう。

こんなしつけが役立つ！ Let's トライ!

①「ハウス」のしつけ

➡79ページ、88ページ

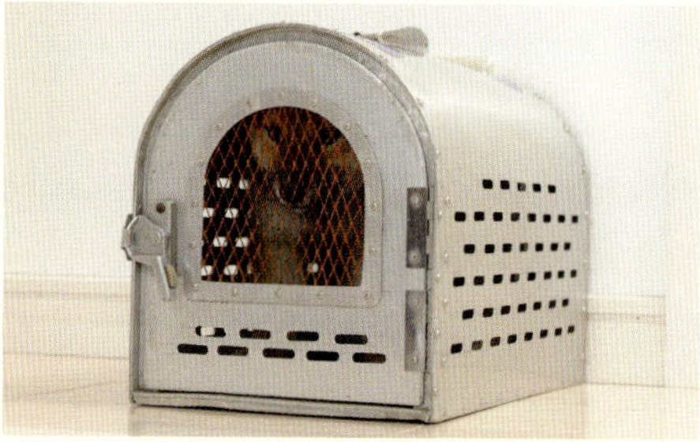

子犬を家に迎えたその日から、ハウスで過ごすようにしつけましょう。順応性の高い子犬のうちからしつけをすれば、「ハウスが自分の居場所だ」とすぐに覚えます。

◆

②「留守番」のしつけ

➡96ページ

留守番をさせるときは、ハウスの中で過ごさせるようにしましょう。自分の縄張りにいることで、犬は安心して過ごせます。

ハウスの大きさは犬の体の大きさに合わせて用意

ハウスにいることが習慣になっている犬は、家全体ではなく、ハウスが自分の領域だと認識しています。配達の人が来たり、来客があっても、過剰に反応したり、しつこく吠えたてたりしなくなります。

またハウスのしつけができると、ドライブや動物病院に連れていくとき、人に預かってもらうときも安心です。

●体がすっぽり収まるスペースが安心

ハウスの大きさは、体がすっぽり収まり、足が伸ばせるくらいで十分です。あまり広いと、犬はかえって落ち着きません。

高さは楽に立てるくらいがよいでしょう。中にタオルや布などを敷くと、居心地がよくなります。敷き物はときどき洗濯しましょう。

犬を外で飼う場合も空間を制限して

なるべく室内飼育がよいですが、外で飼う場合は、リードにつなぐのではなく、サークルなどの囲いを用意します。庭先の外塀と家の壁の間など、外の道路や家の中の様子が見えず、落ち着いて過ごせる場所がよいでしょう。

7つの法則 その2「序列の法則」

ちやほやされると勘違いしちゃう!

飼い主さんにはかっこいいリーダーでいてほしい

犬が飼い主をリーダーと認め、飼い主のいうことをきちんときくのがしつけの基本です。
犬にとって「かっこいいリーダー」の条件とは?

順序つけがハッキリしていると信頼関係が築きやすくなる

「うちの子はかわいいから、つい赤ちゃんや子供にするように話しかけてしまいます」「何時間見ていても、見飽きることがないんです」

飼い主さんのそんな気持ちはよくわかりますが、実はそこに意外な落とし穴があります。

●強いリーダーに従うのが犬の本能

犬の世界では、相手に注目するのは下位の者です。上位の者の行動を伺い、従うために、下位の者はいつもボスを見ている必要があるからです。

飼い主がいつも愛犬を見ていると、犬は次第に「自分がボスなんだ」と勘違いします。逆に、飼い主が犬を見ないようにすれば、犬が飼い主に注目するようになり、次第に服従心が養われます。

●かわいがり方を間違うとわがまま犬に

犬の世界では、ボスは寡黙なものです。見つめるのと同様、猫なで声や甲高い声でおおげさに話しかけるのは、犬に媚《こ》びを売ることになり、主従関係があやふやになります。

いつも頼れるリーダーとして、毅然とした態度で接することが犬との幸せな生活の基本です。

こんなしつけが役立つ!

Let's トライ!

1 リーダーウォーク ➡26ページ

犬が飼い主につき従って歩くようにするしつけです。服従心を養って主従関係を明らかにします。飼い主がリーダーであることを示すのにこれに勝るしつけ法はありません。

◆

2 ホールドスティル&マズルコントロール ➡32ページ

3 タッチング ➡38ページ

これら2つのしつけは、犬が安心して飼い主に体を預けられるようにするのに役立ちます。ふれあいながら、飼い主に対する従属心と信頼感を自然に養います。

「権勢症候群《けんせいしょうこうぐん》」になってしまうと犬も飼い主さんもしんどくなる

家族という群れの中で、自分がボスだと思い込んでしまった犬の状態を「権勢症候群」といいます。こうなると、飼い主の言うことは聞かない、時と場所を選ばす吠えまくる、体をさわらせない、かみつくなど手のつけられない状態になります。

これは犬が悪いのではなく、犬を甘やかし、主従のけじめをつけられなかった飼い主の責任です。

● **しつけのルールを決めて、適切な接し方を**

犬は、群れの中で順位に従って行動するとき、いちばん安心していられます。犬を人間の子どもや友人のように扱うのは、優しいようでいて、犬を混乱させるばかりです。

飼い主が頼りがいのあるリーダーになることで、きちんとした主従関係が築けます。それによって犬との信頼関係が生まれます。

家族でルールを決めておくことが大事

しつけは家族みんなで行なうことが大切です。でも、人によってしつけの仕方が違うと、犬は混乱してしまいます。家族全員でしつけのルールについて話し合い、決めたことを全員で守るようにしましょう。

7つの法則 その3「時間の法則」

「規則正しく」がわがままを招く!

散歩やエサの時間は「あえて決めない」

意外に思うかもしれませんが、エサや散歩の時間を毎日一定にすると、犬はどんどんわがままになるのです。生活リズムは飼い主が主導権を握ることが大切です。

時間を決めると犬にも人にもストレスが大きくなる

「エサや散歩は犬の何よりの楽しみ。毎日同じ時間にしなければ、かわいそう」。

こう思う飼い主さんは、きっと多いはず。しかし、エサや散歩など、日課の時間を決めることは、要求吠えの原因になるのです。

●人間と犬の時間感覚の違いを理解しておこう

犬は、鋭い時間感覚を持っています。何日か決まった時間に散歩に出たり、エサを与えたりすると、すぐにその時間を覚えてしまいます。

そして、日課の時間が近づくと「そろそろ散歩でしょ!」「ゴハン早くちょうだいよ!」とばかりに要求吠えをするようになってしまいます。

この要求に従っていると、犬は「自分がリーダーなんだ」と勘違いして、どんどんわがままになっていきます。

●飼い主さんが、生活リズムの主導権を握って

こうした事態を防ぐために、エサや散歩の時間はあえて決めないことが大切です。

飼い主さんが生活リズムの主導権を握り、犬がそれに従うようにしつけをしましょう。

エサの与え方のコツ

Let's トライ!

1 時間を決めずに与えるようにして

エサは時間を決めず、2～3時間の間で変化をつけて与えます。また、犬の社会ではまずリーダーから食事をします。人が食事を終えてから、犬にエサを与えるといいでしょう。

2 1日1回で十分

成犬の場合、エサは1日1回がおすすめです。2回でもよいですが、食欲にムラが出て残したり、よりおいしいものを欲しがったりするなど、ぜいたくになる傾向があります。

散歩は毎日しなくてOK
時間もコースも決める必要はない

散歩を毎日の習慣にしていると、何かの理由で行けないときに犬はストレスを感じます。天気が悪い日や自分の体調が悪い日などは、無理に散歩に連れていく必要はないのです。

「散歩はリーダー（飼い主さん）の都合のいいときに行くもの」と犬が思っていれば、ストレスや要求吠えはあり得ないのです。

●散歩中も犬の自由に歩かせないで

時間と同様、散歩のコースも決めないことが大切です。いつも同じコースを歩くと、犬はそのコースを自分の縄張りだと思い込みます。縄張りを守ろうとして、他の人や犬を吠えて威嚇《いかく》することがありますし、犬自身にもストレスがかかります。

散歩のコースは決めないで、毎回、いろいろな道を歩くようにしましょう。

散歩を始める前には
必ずリーダーウォークの
練習を

散歩のとき、人が主導権を握って歩く「リーダーウォーク」（26ページ）を実行することで、犬は飼い主をリーダーと認め、従属心が養われます。車や自転車が通る道でも、リーダーウォークができれば安心して散歩できます。

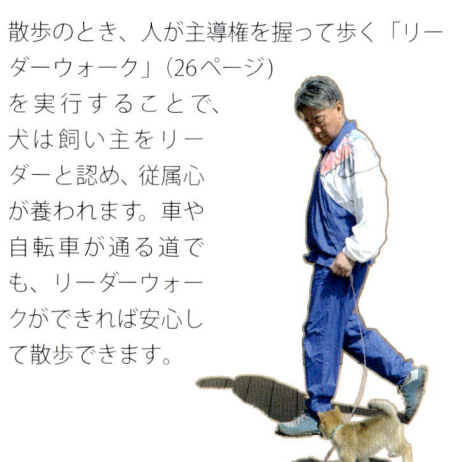

7つの法則 その4「室内遊びの法則」

家はゆっくりくつろぐ場所

遊びすぎないことで落ち着いた犬になる

犬はオモチャで遊んだり、人と遊んだりすることが好きですが、遊ばせすぎると落ち着きのない犬になってしまいます。遊びの主導権は飼い主さんが握り、室内ではゆったりと過ごすようにしましょう。

ベタベタとかまいすぎると四六時中遊んでくれとせがむように

「どんなに疲れて帰ってきても、犬が遊んでくれとせがむので、できるだけ長い時間遊ぶようにしています」。こんなふうに、うれしそうに報告する飼い主さんがいます。しかし、催促されて何かをするのは群れの順位が下位の者が行なう行動です。遊ぶときに、猫なで声で話しかけたり、犬にじゃれついたりするのも、同じことです。

たとえ遊びでも、犬に主導権をとらせていると、自分がリーダーだと勘違いさせる原因になってしまいます

●ハウスから出すのは限られた時間で十分

落ち着いた犬にするためには、ハウスから出す時間を制限することです。エサ、トイレ、遊びなどのふれあいタイム、散歩などの時以外は、ハウスの中で過ごさせるようにしましょう。

●遊ぶならしつけを兼ねたふれあいを

右に紹介するように、ホールドスティル&マズルコントロールやタッチングを遊びに取り入れてみましょう。遊びの時間を利用して、しつけを兼ねたふれあいができます。

こんなふれあいをしよう

Let's トライ!

1 ホールドスティル&マズルコントロール

➡32ページ

2 タッチング

➡38ページ

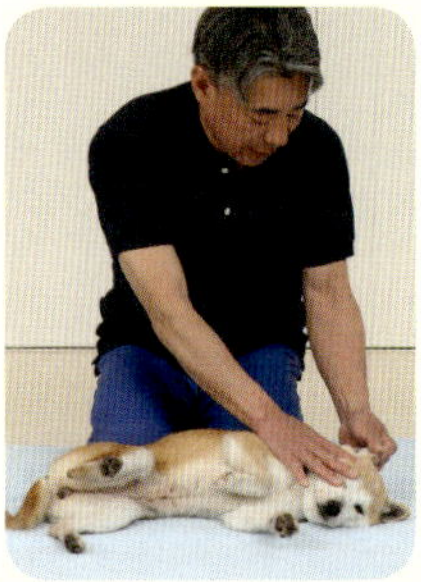

ゆったりとおだやかな時間の中で犬とのふれあいを持つことは、犬にとっても、飼い主にとっても最高のいやしになります。犬との絆を深め、しつけにも役立ちます。

3 ボール遊び

➡58ページ

外で遊ぶときには、犬が思いっきり体を動かすボール遊びもおすすめです。運動不足を解消し、野生の本能も満足できます。
ただし、遊びの主導権は飼い主が握ることを忘れずに。

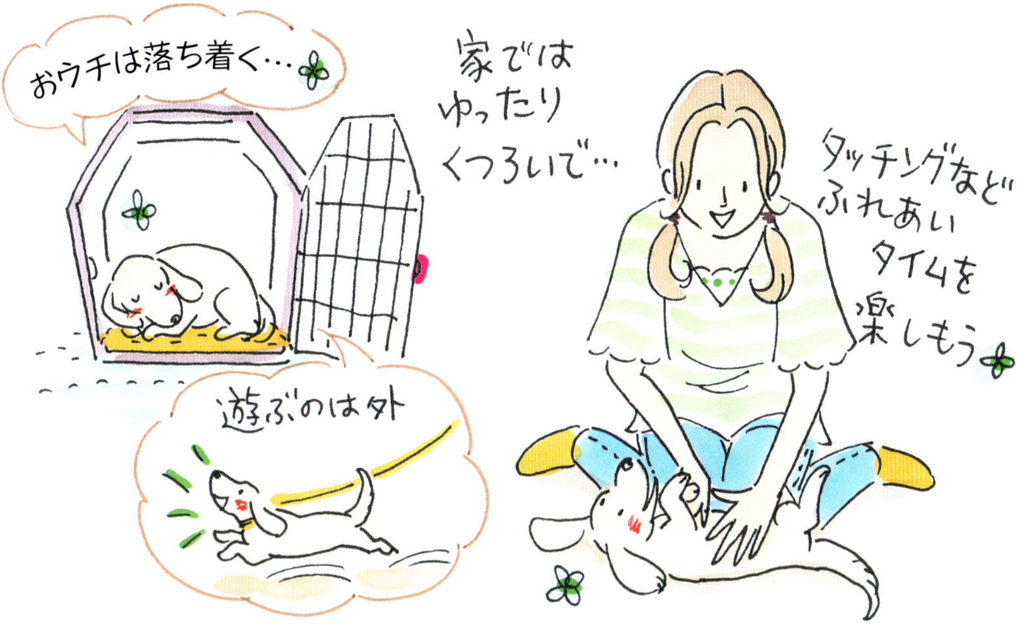

家の中ではゆったりと過ごす習慣をつけて

本来、家の中は人も犬もゆったりとくつろぐ場所です。疲れているときに、無理して犬と遊ぶ必要はないのです。家という「群れの縄張り」の中では、リーダーである飼い主は誰に気を遣うことなく、自分のしたいように行動していればいいのです。その姿を犬に見せることが、主従関係の確認になります。

●家の中での運動は、犬には必要ない

家の中で走り回ったり、オモチャを取り合ったりするような遊びは、犬を興奮させ、落ち着きのない性格にしてしまいます。

たまには外で思いっきり走り回るような遊びもよいですが、家の中での運動は犬には必要ありません。大げさに家の中で遊ばないことで、落ち着いた、おだやかな犬になります。

人が使うモノを犬のおもちゃにしないで

いらなくなったスリッパなどを犬のオモチャにするのはよくありません。犬には古いものと新しいものの区別はつかないので、新品の靴やスリッパをオモチャにしてしまうことも。オモチャは犬専用のものを与えましょう。

7つの法則 その5「しつけの法則」

体罰は厳禁。信頼関係にヒビが入らない

「天罰《てんばつ》方式」でよい子にしつける

犬が悪い行動をしたら、習慣化する前にすばやくやめさせることが大切です。
ただし、むやみにどなったり、たたいたりするのはNG。「正しい叱り方」を覚えておきましょう。

大げさに叱ると、注目されていると勘違いしてしまうので注意する

犬を叱るとき、大声を出したり、目を見てくどくどと説教をしたりしてもまったく効果はありません。それどころか、犬との関係はどんどん悪くなってしまいます。

●犬はどうして叱られているのか、わからない

大声で叱ると、犬は逆に自分が応援されたり、注目されたりしていると受け取ります。また、視線を合わせるのは犬の社会では敵対する行為ですし、説教は理解不能です。

犬が悪いことをしたときは、無視するのがベストの方法です。

相手を見ない、かまわない（声をかけない）というのはリーダーがとる行動であり、主従関係を確認することにもつながります。

●体罰は、犬に不信感や恐怖心を与えるだけ

体罰は犬にとって「敵対」か「恐怖」のどちらかでしかありません。一時的に言うことを聞いても、結局は人を信頼しなくなっています。

いたずらや悪い行動をすぐにやめさせたいときは、「天罰方式」が効果絶大です。

こんな方法が効果的

Let's トライ！

1 無言で無視する

犬が悪いことをしたときは、決して声をかけず、視線を合わせないで無視します。群れで生活していた犬には、リーダーから無視されるのが何よりもつらいことなのです。

2 「天罰方式」は問題行動に効果的

悪い行動が習慣化する前にすぐやめさせたいときは、「これをするとなぜか嫌なことが起こる」という天罰方式がおすすめです。犬を見ず、無言で行ないます。

基本のしつけを早い時期からしておくといたずらや悪さをしない犬になる

犬と仲良く暮らすためにいちばん大切なことは、しっかりと主従関係を築くことです。犬はリーダーと認めていない相手には従いません。逆に、リーダーと認めた相手には喜んで従います。それが犬の習性であり、本能です。もし、犬がいたずらをくり返すとしたら、それは飼い主がリーダーとして尊敬されていない可能性が大です。

●人間との暮らしのルールを早めに教えて

犬に尊敬されるリーダーになるのは、実はそれほど難しいことではありません。

まずはPART2で紹介している「3大しつけ法」を実行してください。子犬のうちから始めれば、より早くしつけることができますし、成長してからでも根気よくしつけていくことで必ず効果が表れることでしょう。

ほめるときは落ち着いた態度で「ヨシヨシ」となでてあげて

犬をほめるときは、落ち着いた声と態度で、「ヨシヨシ」と体をなでます。大きな声や猫なで声を出したり、おおげさに抱きしめたりするのは、いたずらに犬を興奮させ、主従関係をあいまいにします。

7つの法則 その6「散歩の法則」

「人が先、犬は後」が安心だワン！

「リーダーウォーク」で犬あこがれの飼い主に

散歩のとき、犬にぐいぐい引っ張られて歩いている飼い主さんを見かけることがあります。散歩の基本は「人が先、犬が後」。リーダーウォークで尊敬される飼い主さんになりましょう。

飼い主さんが前を歩くことで、安心して散歩できるようになる

犬にとって、散歩は群れの移動を意味します。群れの移動は、すなわち狩りに行くことであり、その先頭を行くのは当然リーダーの役目です。犬がぐいぐいと飼い主を引っ張って前を歩くのは、元気があふれているというわけではないのです。主従関係が確立されていないため、「狩り」において自分が主導権をとろうとしているのです。

飼い主を従えるような散歩の仕方は、主従を逆転して犬がリーダーになろうとする、権勢症候群のもっともわかりやすい兆候といえるでしょう。

●家や玄関を出るときも、飼い主さんが先に

散歩は、家を一歩出るときから始まっています。玄関を出るときは、必ず飼い主さんが先に出るようにしましょう。もちろん、散歩から戻って家に入るときも、飼い主さんが先です。

●リードを引っ張る犬にはしつけをしっかりと

犬がリードを引っ張って散歩をしているなら、今日からすぐにリーダーウォークの練習を始めてください。散歩の主導権をとれるようになれば、しつけの半分以上は成功したも同然です。

こんなしつけが役立つ！

Let's トライ！

①「追《つい》随《ずい》」の練習

➡93ページ

子犬には、「はぐれたら大変！」と、飼い主のあとを追って歩く習性があります。これを「追随」といいます。散歩デビューの前に、追随の練習をしておきましょう。

②リーダーウォーク

➡26ページ

犬が飼い主について歩くようにさせるしつけです。犬は自然と飼い主をリーダーだと認めるようになります。成犬のしつけ直しにも最適な方法といえます。

散歩中に排泄する習慣は犬の縄張り意識を強めてしまう

散歩中の排泄が習慣になっている犬はとても多いもの。でも、散歩とトイレが切り離せなければ、毎日必ず散歩に行くことになってしまいます。13ページで紹介したように、散歩は習慣化しないほうがいいのです。

●散歩に出る前にトイレをすませよう

マーキングでご近所に迷惑をかけないためにも、トイレは家ですませてから散歩に行きましょう。散歩に行かないと排泄しないのは、習性ではなく、人間がそのように習慣づけているだけです。

また、散歩中ににおいをかぎまわったり、電柱にオシッコをかけたりするのは、犬の権勢本能を強化して、自分がボスだと勘違いさせることになります。犬のペースで散歩するのではなく、人間が犬の行動をコントロールすることが大切です。

首輪やリードには子犬のうちから慣らしておこう

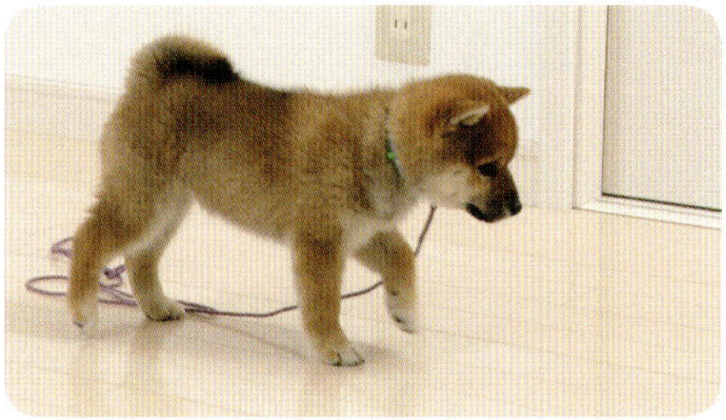

子犬が散歩デビューする前に、まずは室内で首輪やリードをつける練習をしておきましょう。初めは毛糸やリボン、ハンカチ、バンダナなどをつけて、首に何かつけることにならしていくといいでしょう（95ページ参照）。

7つの法則 その7「社会化の法則」

ワクチン接種がまだの子犬も

「抱っこでお外」でいろいろな体験をさせよう

生後3か月くらいまでの子犬は、あらゆるものに好奇心を持ち、吸収する大切な時期です。
外に連れ出して、いろいろな体験をさせましょう。

子犬のうちにいろいろな環境に、慣らしておくことが大事

生後1～3か月くらいまでを、犬の「社会化期」といいます。このころの子犬は順応性が高く、あらゆるものに興味を持って吸収しようとします。きょうだい犬とじゃれあったり、かみあったりしながら、犬の社会のルールを学びます。また、ハウスやトイレのしつけなど、人間の家族とともに暮らすための作法も身につけていきます。

●生後 3か月までのしつけが、犬の性格を決める

社会化期には、こうした「群れの仲間」だけにとどまらず、外の社会＝社会環境に十分に慣れさせる必要があります。

この時期にどれくらい「社会経験」を積んだかが、犬の生涯にわたる性格形成に大きな影響を与えることになります。

●音や人、他の動物に慣らすしつけを

右に上げたように、いろいろな人、場所、動物、音などに慣らすことが、社会化期のしつけに役立ちます（詳しくは 86 ～ 87 ページ参照）。

まだ小さいからと過保護にせず、積極的に外に連れ出しましょう。

「社会化期のしつけ」とは

Let's トライ!

1 いろいろな人に慣らす

近所の人、友人、子供やお年寄り、配達の人など、多くの人に会わせて、抱かれたり、なでてもらったりしましょう。

◆

2 いろいろな場所に慣らす

最初は近所を散歩。慣れてきたら、交通量の多い通りや、繁華街へ行きましょう。公園や川べりなど、自然の多い場所にも行きます。

◆

3 いろいろな動物に慣らす

他の犬や猫などにも会わせましょう。他の犬や動物と仲良くできる犬に育ちます。

◆

4 いろいろな音に慣らす

テレビ、掃除機などの音、踏み切りや電車、雷などいろいろな音を聞かせましょう。

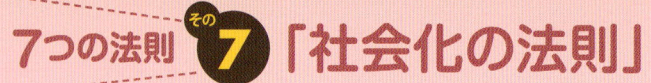

ものおじしない犬に育てておけば みんなに愛されるいい子に育つ

社会化期の子犬は、人になでてもらったり、他の動物とふれあったり、自転車や自動車、街の様子を見せるなど、さまざまな経験をさせることが大切です。

この時期のしつけをしっかり行なうことで、ささいなことに動じない、友好的で、おっとりした、おだやかな性格の犬になります。

●飼い主さんがリラックスしていることも大事

子犬と一緒のときは、飼い主さん自身もリラックスし、ゆったりした態度でいましょう。

そうすれば、子犬もいろいろ体験することが楽しいと感じます。

この頃は予防接種もあり、病気に対する抵抗力も十分ではないので、出かけるときは抱っこやキャリーケースで行くといいでしょう。

くり返しいろいろな体験をさせてあげて

子犬は好奇心旺盛ですが、初めのうちは慣れない環境をこわがってしまうこともあります。多少こわがってもあまり神経質にならず、社会化期にくり返しいろいろな体験をさせてあげましょう。

Column

しつけに役立つ！ 犬の習性を知ろう①

群れで暮らし、リーダーに従う。
野生時代から受け継いでいる犬の習性を理解して、上手にしつけに役立てましょう！

群れで生活する

犬の祖先であるオオカミは、群れをつくって暮らしていました。力を合わせて狩りをし、外敵から身を守るオオカミの習性は、犬にも受け継がれています。

はるか昔、人と犬が一緒に暮らすようになったのも、犬が人を群れの仲間と見なすようになったからです。

ペットとして暮らす現代の犬は、飼い主の家族を自分の群れだと思っているのです。そして、群れの中での自分の序列をいつも確かめようとしています。

リーダーに従う

群れで暮らす犬の社会は、リーダー（ボス）を頂点に、序列のはっきりしたタテ社会です。犬の世界には、「まったく同等の仲間」という位置関係はありえません。

厳しい自然の中で群れが協力して生き抜くためには、リーダーの存在は絶対。犬には服従本能があり、信頼できるリーダーには喜んで従います。

飼い主が毅然とした態度で犬と接し、おだやかなリーダーシップを発揮することで、素直で従順なしつけやすい犬になるのです。

リーダーになろうとする

犬にとって群れは、自分が生きていくために大切な存在。強力なリーダーがいなければ、群れは存亡の危機に陥ります。そこで、群れにリーダーに適した存在がいないと感じると、犬は自分がリーダーになろうとします。

人が主従関係をあいまいにする態度をとったり、犬のいいなりになっていると、犬は自分がリーダーになって群れを引っぱっていこうとします。権勢本能がどんどん強化され、人間の家族を従属者とみなして、わがまま犬になってしまうのです。

飼い主が
おだやかな
リーダーシップを
とることで、
素直でしつけやすい
犬になります。

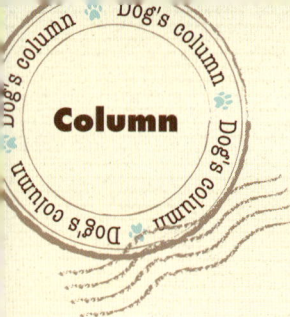

PART 2

自然と飼い主に従うようになる

「藤井式
3大しつけ法」を
マスター

「3大しつけ法」の効果

たった3つのしつけで、人と仲良く暮らせるワンコにたちまち大変身！

犬と人が仲良く暮らすためには、しつけが必要です。PART2で紹介する3つのしつけで、犬との信頼関係が深まっていきます。犬を迎えたら、すぐに実践してみましょう!!

犬と飼い主の関係を最善のものにする方法がこれ

犬との関係を良いものにするためには、自然と飼い主に従うようにしつけをすることが大切です。犬が飼い主をリーダーと認め、信頼していれば、いつも安心して飼い主に服従できるようになります。

そのために欠かせないのが、この章で紹介する3つのしつけ法です。

リーダーウォークは、犬が常に飼い主のそばについて歩くようにするしつけです。ホールドスティル&マズルコントロールやタッチングは、犬が飼い主に自由に体をさわらせるようにするしつけです。この3つを繰り返し行なうことで、犬と人の信頼関係が深まり、犬は喜んで人に従うようになります。

【リーダーシップをとるコツ】

❶ いつも落ち着いて、堂々と

犬は相手との関係を序列で考える生き物です。飼い主が頼りがいのあるリーダーとなることで、犬は安心して過ごせます。

❷ なんでも犬より人が先

食事は人がすませてから犬に与える、玄関を出るときは、まず人から。「なんでも人が先」にすることで優先順位を示すことができ、主従関係が自然に生まれます。

❸ 快適な場所は、人が優先

ソファやベッドなど、高くて居心地のいい場所は、リーダーである人の場所。犬を上がらせないようにして、序列を理解させます。

❹ 要求吠えには従わない

「散歩はまだ？」など、何かを要求して吠えるときはとにかく無視すること。一度応じると、ますます吠えるようになります。

しつけ 1 リーダーウォーク

→26ページ

飼い主の横について歩くようにさせるしつけです。主従関係を確立するのに役立ち、犬は自然と、飼い主がリーダーだと認めるようになります。成犬のしつけ直しにも最適です。

こんな効果が!

◎犬が飼い主をリーダーだと認めるようになる

◎マナー良く散歩ができるようになる

◎わがままな犬も言うことを聞くようになる

しつけ 2 ホールドスティル＆マズルコントロール

→32ページ

犬を背後から抱きかかえて、安心して身を任せられるようにするしつけです。人に対する従属心が自然と養われ、うなったり、かんだりしない犬になります。

こんな効果が!

◎服従本能を育て、飼い主に忠実になる

◎人をかまない犬になる

◎信頼関係が深まり、従順な性格に

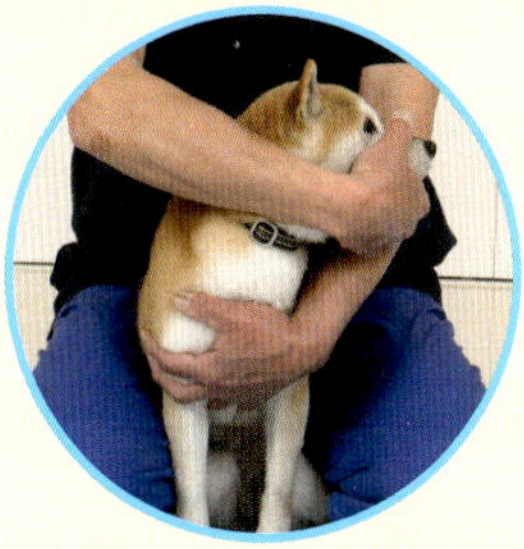

しつけ 3 タッチング

→38ページ

耳や足先など、体のすみずみまで自由にさわらせるしつけです。従属心を育てるとともに、ブラッシングなどのグルーミング、病院での診察も無理なく受けられる犬にします。

こんな効果が!

◎さらに信頼関係が深まり、従順になる

◎体のチェックや手入れがしやすくなる

◎人と犬のコミュニケーションが深まる

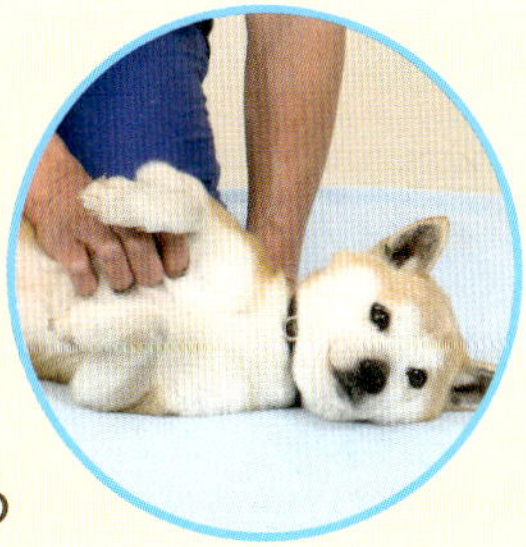

「リーダーは飼い主」が自然と身につく

リーダーウォーク

服従心を養って主従関係を明らかにします。首輪とリードをつけて散歩に出るようになったら、すぐ始めましょう。わがままな成犬のしつけ直しにもぴったりです。

こんな効果が期待できる

わがまま犬も、言うことを聞くおりこう犬に変身

リーダーウォークは、犬が自然と飼い主の横に従って歩くようにするしつけです。服従心を養い、飼い主がリーダーだということを教えるのにとても役立つしつけ法といえます。

●犬と飼い主の関係づくりの基本

犬社会では、先頭を歩くのは群れのリーダーと決まっています。リーダーウォークで飼い主が散歩の主導権を握るようになれば、犬は自然と飼い主をリーダーだと認めるようになります。

●散歩のマナーをよくするのにも効果的

リーダーウォークは、散歩を安全に、マナーよく楽しむためにとても重要です。

また、「リーダーは飼い主」という主従関係を早く作ることができ、そのほかのしつけも楽に行なえるようになります。

【マスターするコツ】

❶ 散歩をするころになったらしつけを

リーダーウォークは安全に散歩を楽しむために欠かせないしつけ。散歩をするころになったら、すぐ始めましょう。

❷ 犬と目を合わさずに歩く

人が犬を見るのではなく、犬が人に注目するようにしつけることで、従属心が育ちます。

❸ 犬の動きに逆らって動く

犬に逆らって歩くことで、犬は自分の思うままに歩けないことを学習し、常に飼い主に注目して人に従って歩くようになります。

DVD 1 リーダーウォークの準備

1 首輪とリードをつける

外へ出る前に、首輪とリードをつけます。必ず犬を座らせてからつけましょう。

2 飼い主が先に玄関を出る

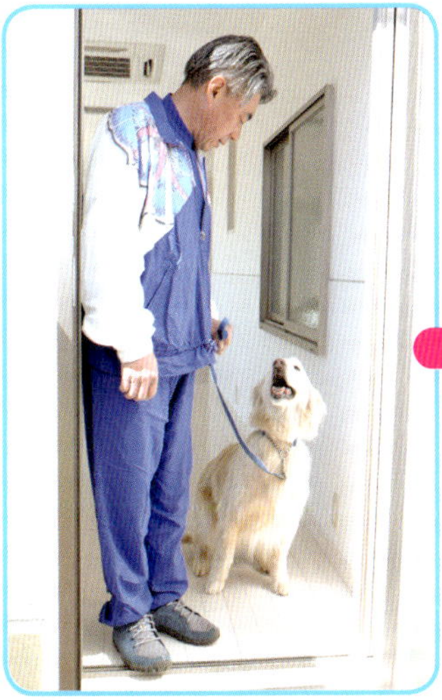

犬が先に出るのはダメ。必ず人が先に出て、犬が後からついてくるようにしましょう。

▼先に出てしまうときの対処法は、121ページ参照

リーダーウォークを行なうときは、犬を横につかせて座らせ、一度静止してから、歩き始めましょう。犬が暴れてしまうときは、30ページの「リードコントロール」をして、犬を落ち着かせましょう。

3 人と犬の位置をチェック

犬はリードを持った手の側

リードを片方の手に持ち、そちら側に犬を座らせます。

右でも左でもやりやすいほうでOK

万国共通の犬の訓練では左につかせますが、日本は右側通行なので、犬を右側につけてもOKです。

Check!!

人のヒザと犬の胸がそろう位置が理想的。犬の前足が靴ヒモあたりにくるのが、正しい位置です。

4 リードの持ち方

犬のいる側の手で持ち、コントロールしやすいように折りたたんでおきましょう。巻きつけるのはNGです。

ワン POINT!

リードは少したるませて持つようにしよう

リードが張った状態だと犬が抵抗しやすいので、たるませた状態で歩くようにしましょう。

DVD 1 基本のリーダーウォーク

散歩をするようになる前に、必ずリーダーウォークを行ないましょう。犬に自分の思うままに歩けないことを学習させるために、犬が行こうとする方向に逆らって歩くようにしましょう。

1 犬を見ないで無言で歩く

人は犬のほうを見ないで、正面を向き、黙って歩きます。

2 犬の動きに逆らって歩く

犬が行こうとする方向に、人はわざと逆らって歩きます。

犬が遅れるときや、前へ出ようとするときは、30ページを参照

3 人を見て歩くようになればOK

犬は行きたい方向に行けないので、人を見て歩くようになります。

4 犬が座ったら、ほめる

人が止まり、犬も自分から座ったら、犬を見てほめます。

Check!!
このとき、初めて犬のほうを見るようにしましょう。

困ったこんなとき…

リーダーウォーク

犬が前へ出るときは…

➡ 犬側へターン

犬にわざとぶつかるように、リードを左手に持っている場合は、左回りにターンします。右手で持っているときは、右回りにターンしましょう。

犬が遅れるときは…

➡ 反対側へターン

リードを左手に持っている場合は、人が右回りにターンします。右手に持っている場合は、左回りに。リードをゆるめたまま曲がるのがコツです。

犬が暴れているときは…

➡ リードコントロールを

犬がおとなしく座らなかったり、飼い主さんに合わせて動かない場合は、たるませたリードを一瞬キュッと引っ張って誘導しましょう。このとき、犬に声はかけず無言で行なうのがポイントです。

DVD 1 応用編

ワンステップストップのリーダーウォーク

ワンステップストップは、「動かないリーダーウォーク」です。暴れん坊の犬でリーダーウォークが難しい場合や、子犬にリーダーウォークを教える前段階として行なってもいいでしょう。基本のリーダーウォークと併用してもかまいません。

1 犬がおとなしくなるまで待つ

犬が人の横についておとなしくなるまで、無言のままで待ちます。

Check!!
声をかけずに、無言で待つようにしましょう。

2 左足から1歩踏み出して、止まる

左足から一歩踏み出し、すぐに止まります。犬も人についてきます。

3 1歩だけ歩いて、座ったらOK

犬も1歩だけ歩いて座ったらOK。できるまで繰り返します。

ワンPOINT!

リーダーウォークができない子は、まずはワンステップから

リーダーウォークがうまくできない場合は、ワンステップストップからスタートしましょう。1歩、5歩、10歩と少しずつ歩数を増やして練習していくうちに、飼い主について歩くことができるようになります。

3大しつけ法 2

信頼関係を深め、おだやかな犬になる

ホールドスティル & マズルコントロール

犬が飼い主を信頼して、体を預けるようにするしつけです。後ろから抱きしめて、マズル（口吻《こうふん》）を動かすことで、飼い主さんに対する従属心や信頼感が深まっていきます。

こんな効果が期待できる

触られるのを嫌う口を自在に動かすことでおとなしい犬に

　このしつけは、犬本来の服従本能を育て、従属的な性格を形成するのにとても効果的です。

●服従本能が育まれ、信頼関係が強まる

　犬を後ろから抱きしめるのは、飼い主に対する信頼感を抱かせるためです。また、さわられるのを嫌がるマズルを人が自由に動かすことで、従属心はさらに高まり、人をかまない犬になります。

●小犬のころから始めて、ずっと続けよう

　犬を迎えて新しい環境に慣れてきたら、すぐに始めましょう。成犬になると抵抗する力が強くなるので、遅くとも生後2か月くらいまでにスタートさせたいしつけです。

　犬が抱きしめられることに慣れるまでは、1日2～3回行なうといいでしょう。成犬になってからも、ときどき行なうことが大切です。

【マスターするコツ】

❶毎回同じ敷物の上で行う

専用の敷物を用意して、そこで毎回やりましょう。「この場所では、これをやるんだ」と犬が記憶して、習慣づけができます。

❷終始無言で、声をかけずに行なう

犬を背後から包み込むように抱きしめて、声をかけず無言で行ないましょう。

❸犬が抵抗しても、絶対止めない

「いやがれば、やめてもらえる」と犬が学習してしまうと、なかなか覚えさせることができません。手順どおりに、最後まで必ず行ないましょう。

DVD 2 ホールドスティル＆マズルコントロール

1 犬を横につかせる

まっすぐに立ち、リードを持っている手の側に、犬を座らせます。

2 足の間にはさむ

リードを持ったまま犬の後ろに立ち、自分の足の間にはさむようにします。

3 リードをはずす

ヒザをついて座り、犬からリードをはずします。

4 下あごを押さえる

犬をヒザの間にしっかりはさみ、片手は犬の胸元に当て、もう一方の手で下あごを押さえます。

DVD 2 ホールドスティル & マズルコントロール

5 マズルを上に

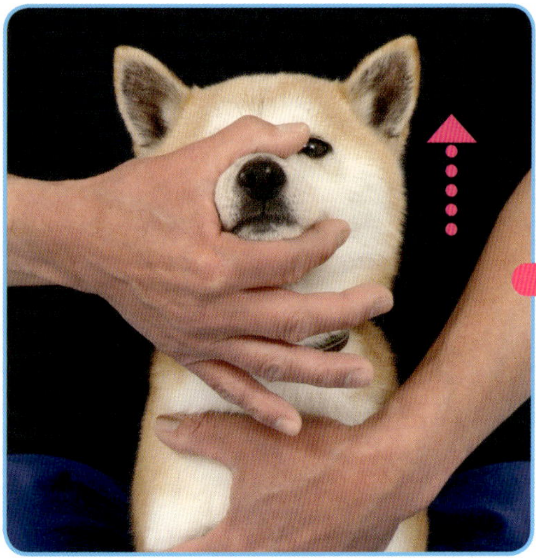

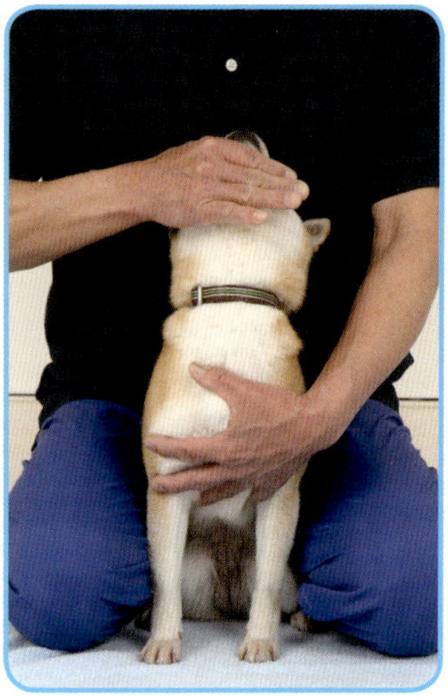

親指と人指し指の間に下あごをはさむようにマズル（口吻）を持ち、コントロールしていきます。まずは上に向けます。

6 下に向ける

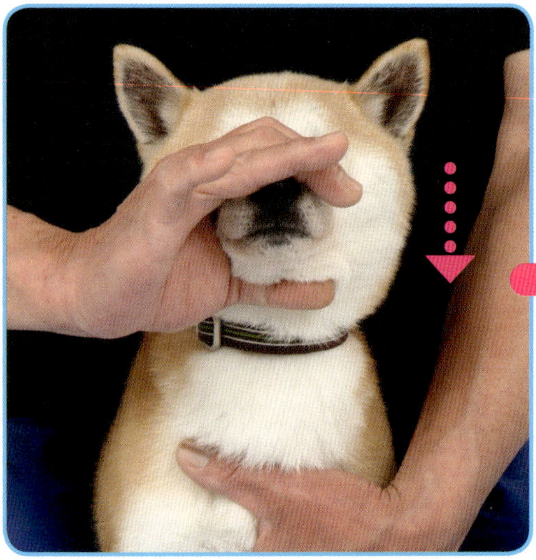

手を持ち替えて、マズルを下に向けます。

7 右に動かす

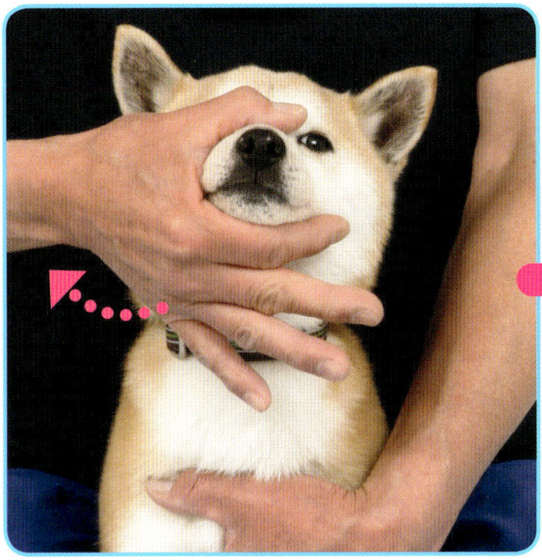

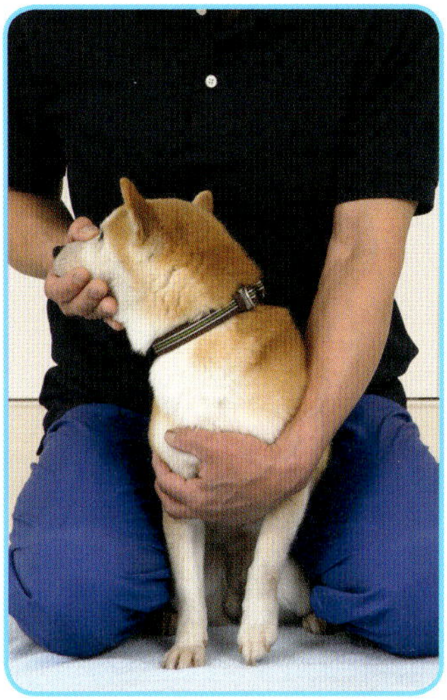

持ちやすいように手を持ち替えて、今度はマズルを右に。

8 左に動かす

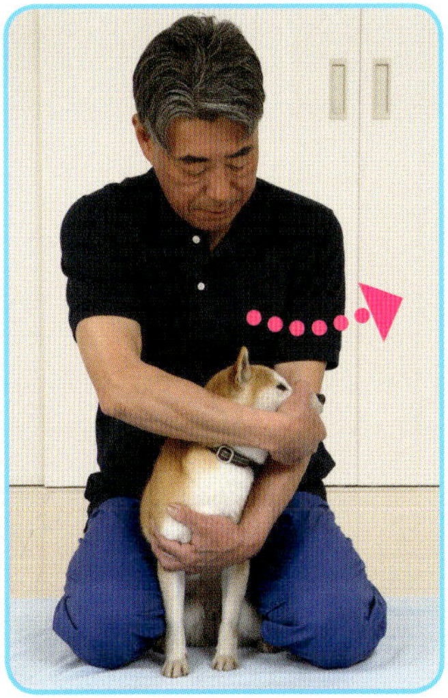

続けて左に向けます。

ワン POINT!

抵抗するときは、しっかりロックして

抵抗するときは、自分の胸のほうに犬を引き寄せるようにして、自由に動けないようにロック（しっかり抱きしめる）しましょう。

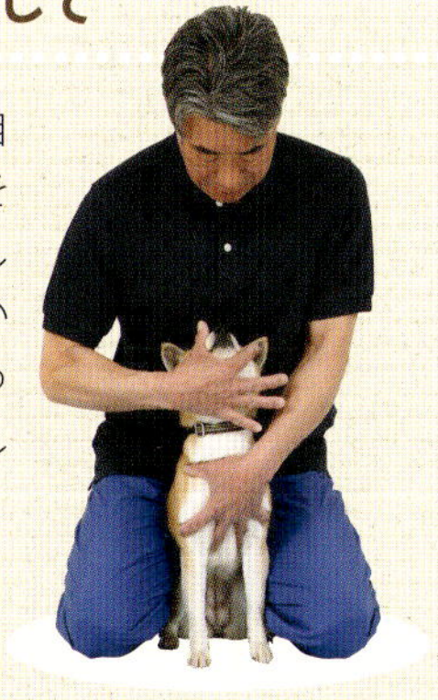

DVD 2

ホールドスティル & マズルコントロール

9 ぐるっと動かす

マズルをゆっくり、一周回します。

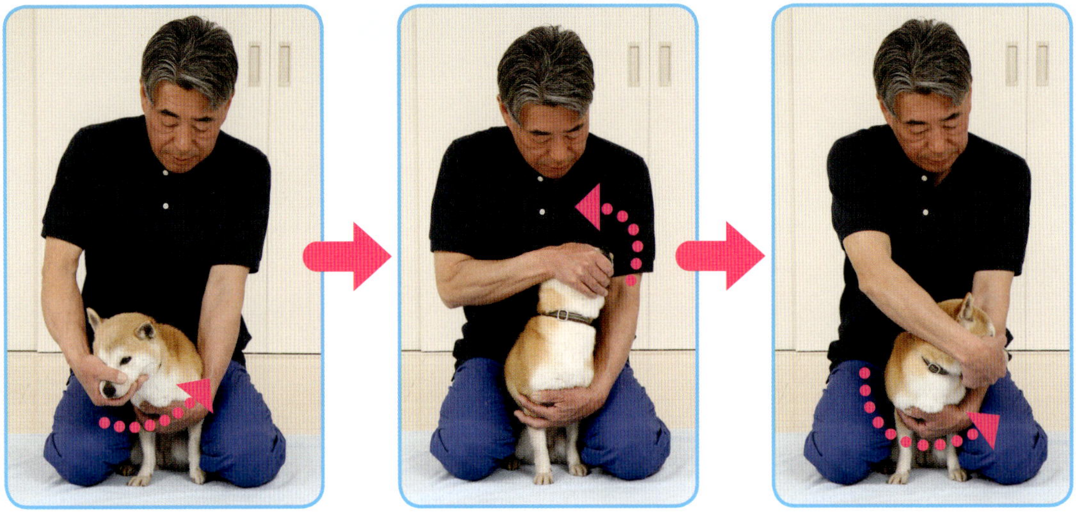

こんなやり方は NG

× のどを押さえない

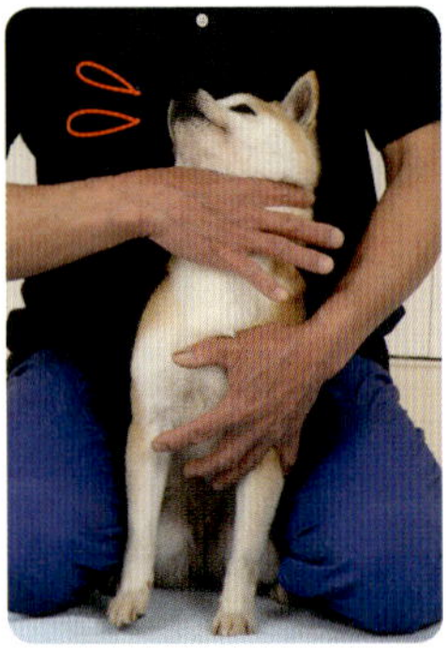

のどを押さえると、犬が苦しくて暴れてしまいます。下あごを押さえるようにしましょう。

× 口元を握らない

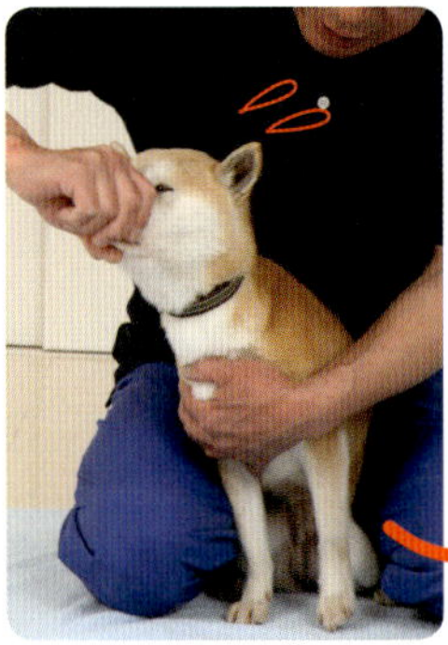

口元を握るようにして持つと、犬が抵抗したときに、スッポリ抜けてしまいます。

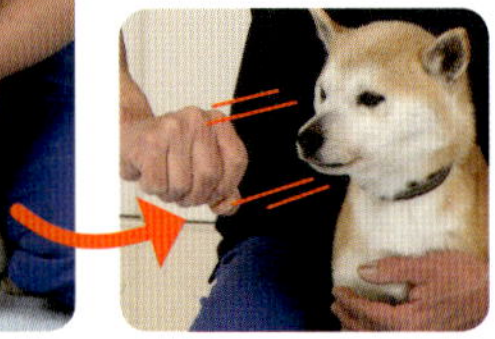

10 人が先に立つ

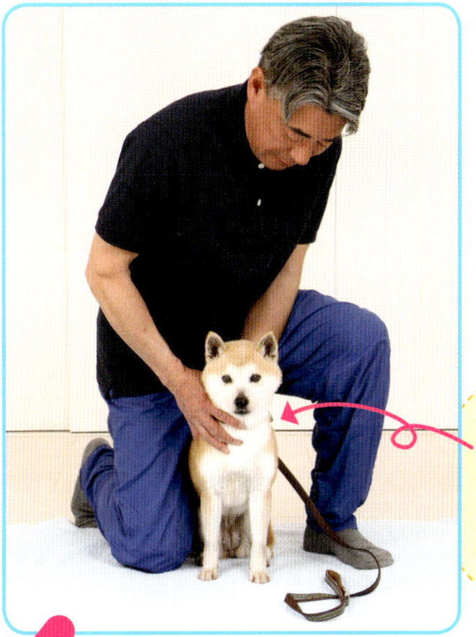

飼い主さんが必ず先に立ってから、ゆっくりと静かに犬を解放していきます。

Check!!
リードをつけて終わりにするときは、立ちあがる前につけましょう。

人が立ち上がった状態で終わりにします。

ワンPOINT!

犬が嫌がっても、決してすぐに解放しない

途中で犬が嫌がって暴れたら、しっかり抱きかかえてロックしましょう（35ページ参照）。犬が静かになったら、そのまま順番どおりに続けていきます。抵抗したからといって終わりにしてしまうと「そうか、暴れれば終わるんだ！」と犬が学習してしまい、従属心を育てることができません。

3大しつけ法 3

グルーミングや診察も安心！

タッチング

犬の体を自由にさわらせるためのしつけです。従属心を育てるとともに、
犬と飼い主のふれあいを通じて絆を深めてくれます。ホールドスティルに続けて行なうとよいでしょう。

こんな効果が期待できる

飼い主に従う心が形成され、従属心がしっかり育つ

犬を飼っていて、何よりも困るのは「犬の体にさわれない」ことです。さわれなければ、体のケアも、病院で診察を受けることも困難です。

●体のすみずみまでさわる

人に対する従属心が乏しい犬ほど、体をさわられたり、おなかを見せたりするのを嫌がります。

耳や足の先、しっぽなどの体の先端部、わき腹などは、とても敏感な部分です。こうした部位をはじめ、体のすみずみまでタッチングすることで、人に対する従属心が養われます。

●十分に時間をかけて行なうようにして

タッチングはおだやかな雰囲気の中で、1回30分から40分くらいを目安に、たっぷりと時間をかけて行ないましょう。犬と人との楽しいコミュニケーションタイムになります。

犬がさわられるのが
苦手な場所を
あえてさわるのがポイント

【マスターするコツ】

たいへん
よく
できました

❶ なるべく早くから始める

ホールドスティル＆マズルコントロールができるようになったら、なるべく早くからタッチングを始めましょう。

❷ ゆったりとした気分で行なって

タッチングは、おだやかで、ゆったりした雰囲気の中で行なうことが大切です。

❸ 抵抗しても、止めないで

抵抗したら、無言で両手を広げて床にロックしてタッチングを続けます。中断せず、最後まで行なうことが大切です。

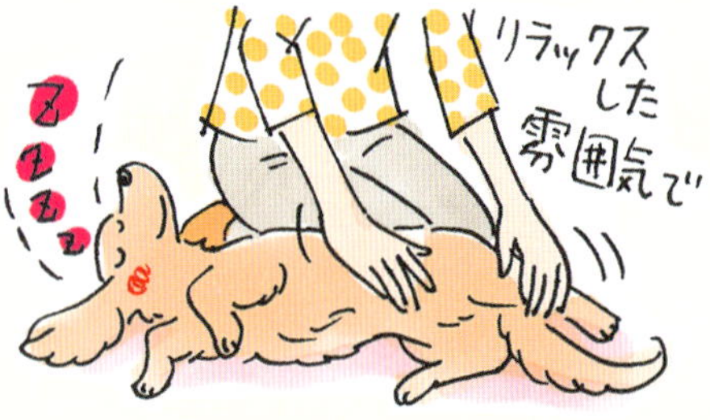
リラックス
した
雰囲気で

DVD 3 タッチング

1 犬の後ろに立つ

足の間に犬を挟むようにして立ちます。ホールドスティル＆マズルコントロールから続けて行なってもいいでしょう。

2 ヒザをついて座り、前足を持つ

ヒザをついて床に座り、犬の両前足を持ちます。

3 フセの体勢をとらせる

そのまま上体を前に倒し、犬にフセの態勢をとらせます。

Check!!
人の胸と犬の背中をしっかりと密着させましょう。

4 腰をくずし、頭も倒す

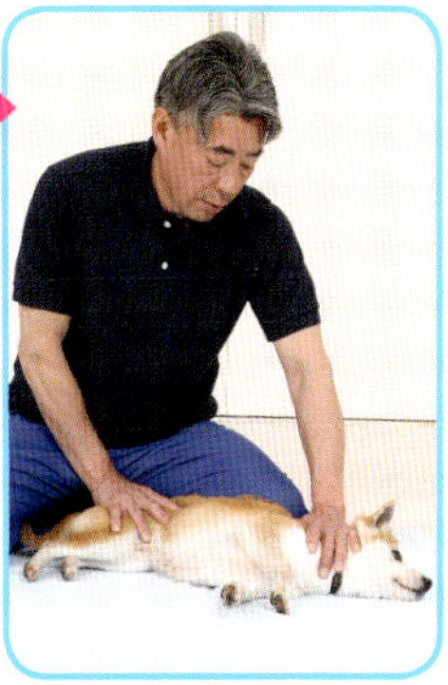

犬の腰を手で押してくずし、横向きに倒して頭を床につけます。

5 耳をさわる

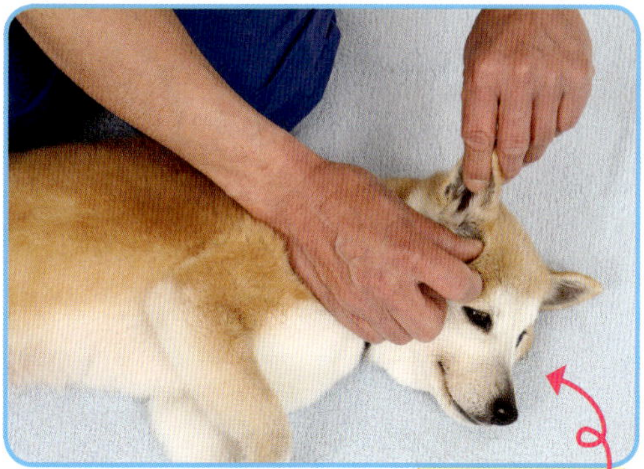

右耳、左耳をさわります。耳の付け根、耳先、耳の中などまんべんなくさわりましょう。

Check!!
耳の中まで自由にさわれるようにしておけば、耳そうじもラクラクです。

6 前足、後ろ足の先をさわる

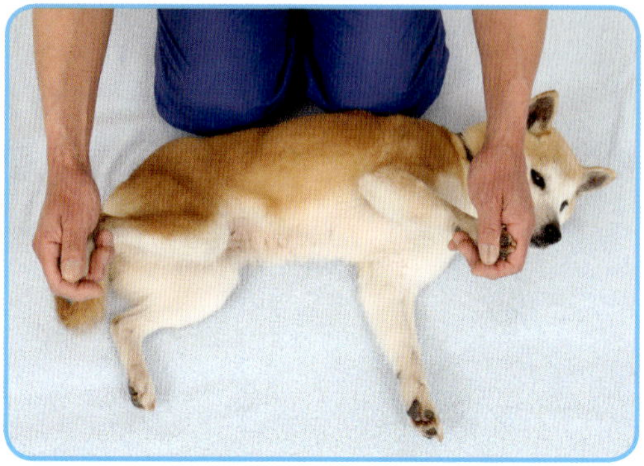

前足、後ろ足の先をまんべんなくさわります。肉球の間も忘れずにさわっておきましょう。

ワン POINT!

犬が起き上がろうとしたら、両手でしっかりロック

タッチングは、犬が完全に人間に身をまかせ、手を離しても横になったまま動かない状態でやるのが理想的。犬がじっとしていないときは、上から両手でパッと体を押さえて、ロックします。動こうとしたらロックすることを繰り返すうちに、犬は「動いてはいけないんだ」と理解するようになります。

7 しっぽをさわる

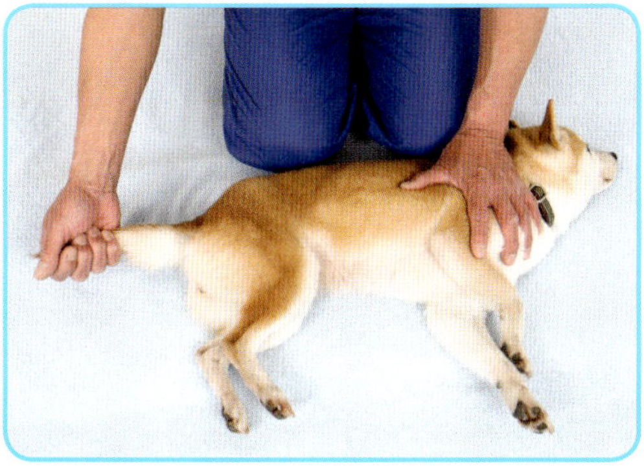

しっぽの付け根から先の部分まで、よくさわりましょう。

8 そけい部をさわる

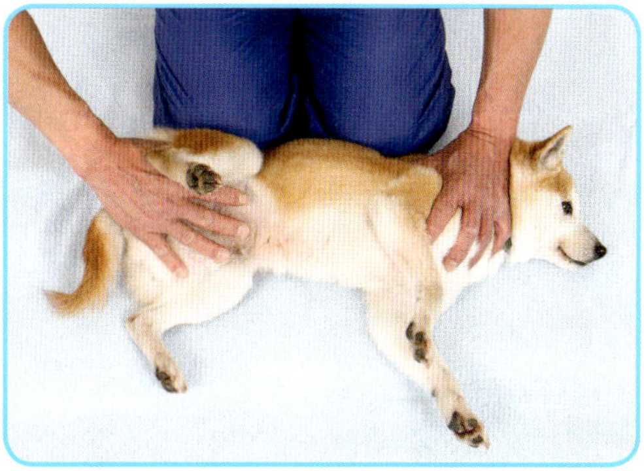

そけい部とは、後ろ足の付け根（股）の部分です。この部分もまんべんなくさわります。

9 おなかを見せたら信頼している証拠

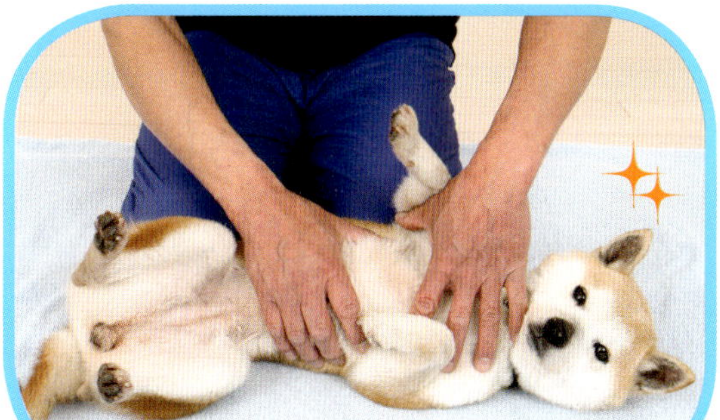

犬は信頼している相手には、おなかも無防備にさわらせます。すみずみまでさわりましょう。

10 目や口など、顔全体をさわる

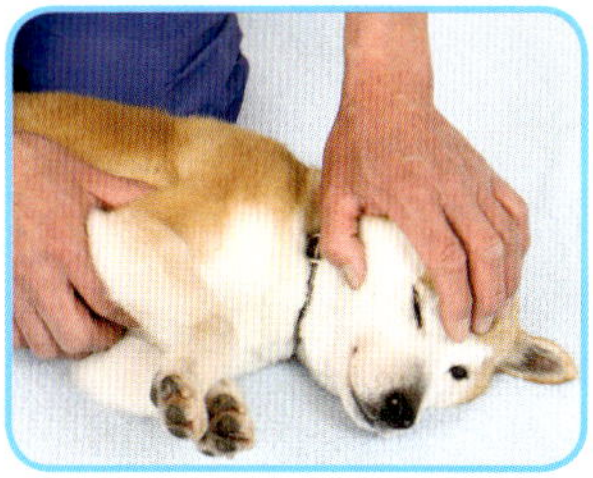

目、口、鼻のまわりなど、顔全体をすみずみまでさわりましょう。

Check!!
口を開けさせて、歯もさわりましょう。歯磨きや投薬の練習になります。

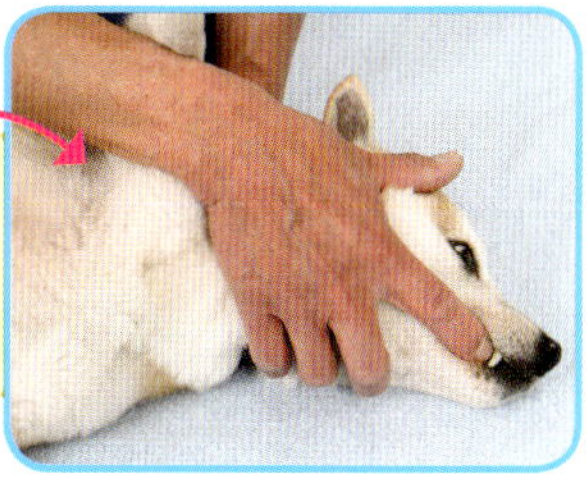

11 犬をフセ〜スワレの状態に戻す

体をすみずみまでさわったら、横になっていた犬の体を起こし、フセ〜スワレの状態に戻します。

12 必ず人が立ってから、犬を解放

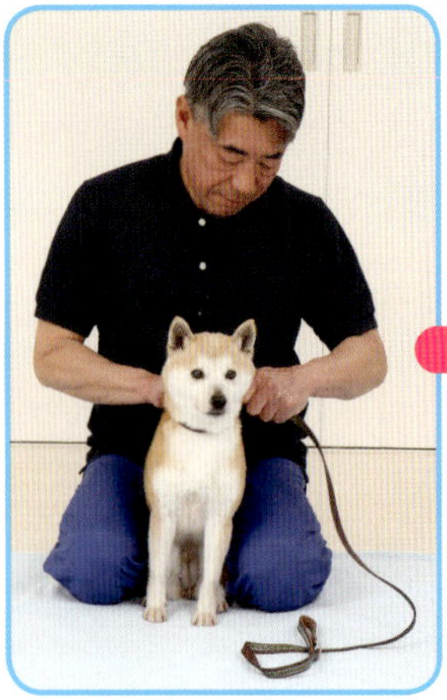

必要に応じてリードをつけ、まず人が先に立ちあがってから、犬を解放し、タッチングを終了します。

Check!!
犬が落ち着いて座った状態で、終わりにしましょう。

PART 3

ワンコが進んで行動する!

基本トレーニング

「基本トレーニング」成功のコツ

ごほうびを使って身につける方法だから、楽しみながら、賢い犬にできる

**犬が大好きなフードなどをごほうびに使う「オペラント訓練技法」。
この方法でトレーニングを行なうと、犬が自発的、積極的に、飼い主が求める行動をするようになります。**

ごほうびをどうしたらもらえるかを、犬に考えさせることがポイント

この本で紹介する「オペラント訓練技法」は、犬が大好きなエサをごほうびに使い、動機づけ、条件づけする方法です。飼い主が手に持っているエサを「どうやったら食べられるかな？」と犬に考えさせることで、犬が自分から進んで行動するようになるのが最大の特徴です。

おいしいエサを食べながらの訓練は、犬が楽しみながらできるので、犬を叱ったり、どなったりする必要がありません。

くり返し練習することで、だんだんごほうびがなくても「スワレ」などの声だけでできるようになります。

使うと 効果的な ごほうび

豚レバーをゆでたもの

鶏ささみをゆでたもの

ソフトタイプのジャーキー

ドッグフード

トレーニングのごほうびは、犬が大好きなものを使いましょう。軟らかくて、小さくちぎりやすく、犬が食べやすいものがおすすめです。肥満の原因になるので、あげすぎないように気をつけましょう。豚レバーや鶏ささみのゆでたものは、たくさんゆでて冷凍保存しておくと便利です。

「基本トレーニング」を成功させる6つのポイント

❶ 犬が集中できる環境で

犬が眠かったり、疲れていたりするときは避け、空腹時に行なうと効果的です。初めは家の中で訓練し、できるようになったら庭や屋外で練習しましょう。

❷ 指示語を統一する

「スワレ」などの犬に指示する言葉（コマンド）は、家族みんなで同じ言葉にすることが大切です。「スワレ」「オスワリ」「スワッテ」など、人により言葉が違うと犬は混乱します。

❸ できなくても叱らない

なかなか思うようにできなくても、叱ったり、どなったりしないこと。犬がビクビクして、訓練をしたがらなくなります。何度もくり返し練習しましょう。

❹ できたらほめてあげて

訓練は最初無言で行ない、犬に考えさせること。ごほうびなしでもできるようになったら、忘れずにほめましょう。ほめるのは、「それでヨシ、OK」を伝えることになります。

❺ 飽きる前に切り上げる

だらだら続けていると、だんだん飽きてしまいます。犬が集中してできる時間だけ行ない、「もう少しやりたい！」と犬が思うくらいできり上げましょう。

❻「成功体験」で終わりにしよう

トレーニングは、できないままで終わらせないことが大切です。最後は「スワレ」など、犬ができることをして、しっかりほめて訓練を終わらせましょう。

最初は無言でトレーニングしてできるようになったら言葉がけを

トレーニングは、はじめは無言で行ないます。あれこれ話しかけると犬の脳は混乱します。無言で行なうことで、犬はどうやったらごほうびのエサが食べられるか、自分で考えるようになるのです。

どのトレーニングにも共通しているのは、「スワレ」などができるようになってから初めて、「スワレ」などと言葉をかけることです。これで、「座ること＝スワレなんだ」と犬が理解します。

また、エサを食べたくて犬が興奮しているときは、黙って無視をすること。無視することで、犬はどうやったらエサが食べられるか考えます。犬が落ち着いたら、訓練を始めましょう。

DVD 4

基本トレーニング❶ スワレ

スワレは、生後2か月くらいから始められる基本中の基本のトレーニング。子犬が新しい環境に慣れてきたら、すぐに始めましょう。

1 犬と向かい合う

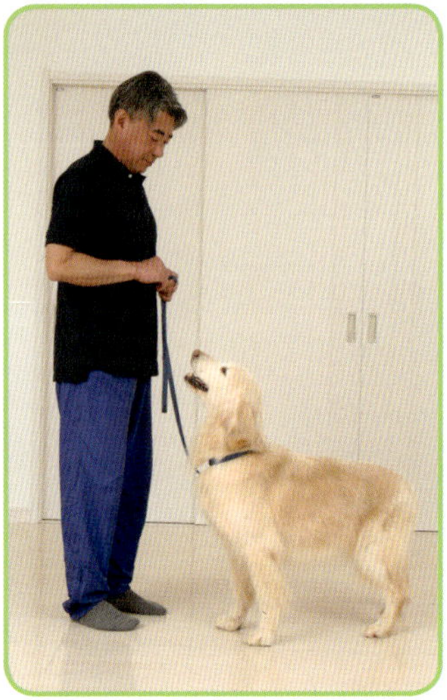

犬を立たせて向い合います。子犬や小型犬の場合は、人がヒザ立ちや座って行なってもかまいません。

2 エサを見せる

手にごほうびのエサを持ち、犬に見せます。

3 エサを鼻先へ

犬が自然に座りたくなるような位置に、エサを持った手を移動します。鼻先から後頭部に移動させるとよいでしょう。

4 座ったら、与える

犬が座ったら、ごほうびのエサを食べさせます。1～4を繰り返して、犬が座るようにしつけます。

Check!!
ここまでの動作は、すべて無言で行なって。

5 「スワレ」と言葉をかける

1～4ができるようになったら、犬が座りかけたときに「スワレ」と言葉をかけます。次第にエサを減らし、「スワレ」の声だけでできるように練習しましょう。

ワンPOINT!

手のひらを上に向けて エサを差し出さないで

ごほうびのエサは、必ず「手の甲を上、手のひらを下」にして犬に与えましょう。上からエサを差し出すことで、「人が上位、犬は下位」ということを犬が理解します。手のひらを上にしてエサを与えると、「自分のほうがえらいんだ」と勘違いしてしまうので注意して。

こんなやり方はNG

× エサが高すぎる

エサの位置が高いと、犬は座らずに立ってしまいます。犬が跳びついてくることも。エサは自然と犬が座る位置に移動させましょう。

× エサを引いてしまう

犬がほしがったときにエサを前に引くと、犬はついてきてしまいます。エサは犬の後頭部に移動させるようにしましょう。

× おしりを押す

無理に座らせようとしておしりを押すと、犬は余計に抵抗して、腰をつっぱってしまいます。

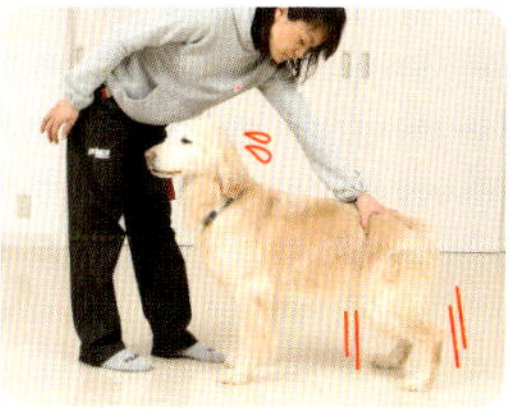

DVD 5

基本トレーニング② フセ

「フセ」は、飼い主に服従する気持ちを高めるのにも役立ちます。スワレに比べるとやや難しいので、あせらず気長に練習を。

1 犬と向かい合う

犬を座らせ、向かいあって立ちます。子犬や小型犬の場合は、人が座って行なってもかまいません。

2 エサを見せる

手にごほうびのエサを持ち、犬に見せます。

3 手を下げる

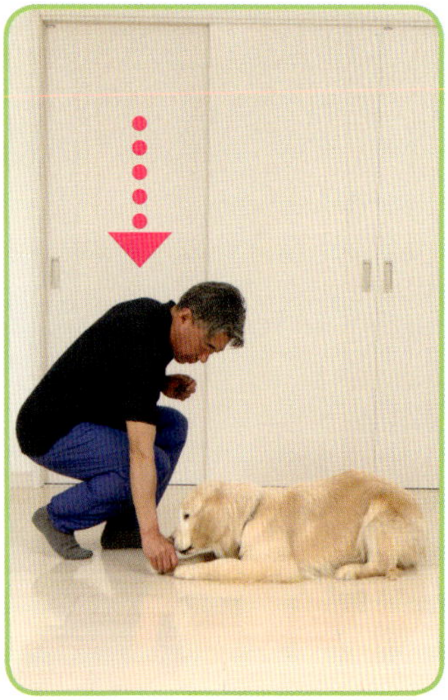

エサを見せながら手の位置を下げます。犬はエサにつられて体を下げます。

4 フセの姿勢に

犬がきちんとフセの態勢になったら、エサを与えます。ここまでは無言で。1～4を繰り返し練習します。

5 「フセ」の言葉をかける

フセ

フセができるようになったら、犬が伏せようとしているときに「フセ」の言葉をかけます。
次第にエサを減らし、手の動きと「フセ」の声だけでできるように練習しましょう。

ワンPOINT!

うまくいかないときは、低い姿勢でくぐらせる練習を

エサを手に持ち、イスの下や、人の足の下をくぐらせ、自然と低い姿勢をとるように誘導します。フセの状態になったら、ごほうびのエサを与えます。くり返し行なうことで、次第にイスなどがなくてもできるようになります。

こんなやり方はNG

× 肩を押す

上から無理に押さえつけて伏せさせようとすると、犬はかえって抵抗してしまいます。

× リードを踏む

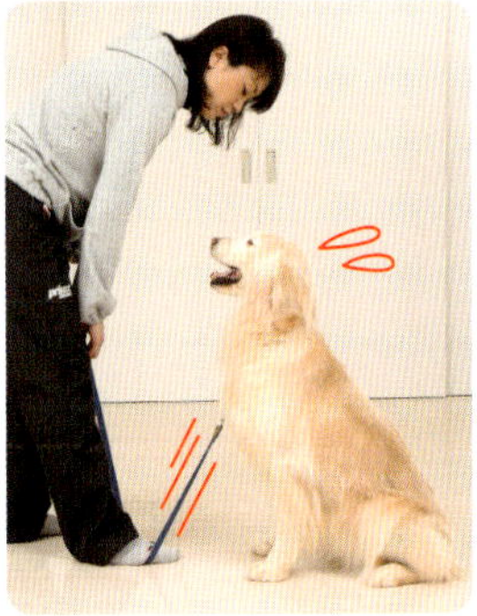

× リードを下に引っ張る

リードを下に無理に引っ張ると、逆に上に伸び上がるように、犬は抵抗します。強制的にさせるのではなく、犬に自発的な行動をとらせるようにしましょう。

DVD 6 基本トレーニング③ マテ

「マテ」は、ひんぱんに必要になる大切な訓練です。スワレができるようになってから練習しましょう。

1 犬と向かい合う

犬と向い合って立ち、犬を座らせます。

2 エサを与える

エサをひと口食べさせます。

3 1歩下がり、エサを与える

人が1歩下がり、犬が動く前にすばやく戻ってエサを与えます。

4 無言で繰り返す

エサを与えては下がり、また戻ってエサを与えることを無言で繰り返します。犬が動いてしまったら、スワレからやり直します。

5 犬が覚えるのを待つ

1～4を無言で繰り返すことで、犬は「待っていればエサをもらえる」と学習します。

6 「マテ」の言葉をかける

犬が待てるようになったら、「マテ」の言葉をかけて犬から離れます。

7 距離と時間をのばす

人が後ろに下がる距離と、犬を待たせる時間を少しずつのばしていきましょう。

8 戻ってエサを与える

上手に待てたら、戻ってごほうびのエサを与えます。

9 ごほうびを減らしていく

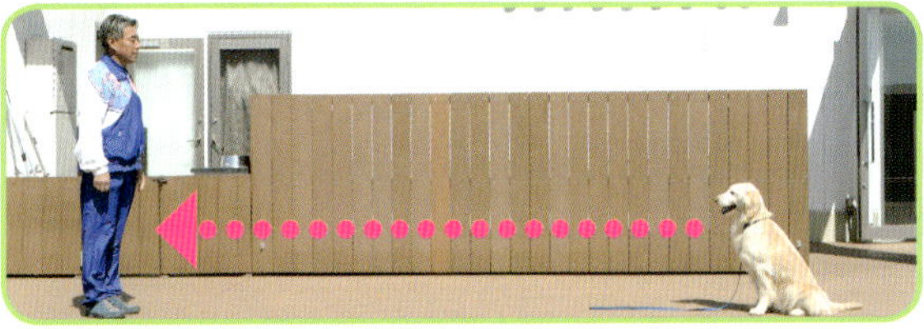

距離と時間をさらにのばし、3回に1回、5回に1回とごほうびの回数を減らします。

10 できたらほめる

ごほうびを与えないときは、犬をほめましょう。やがてごほうびがなくても、「マテ」の言葉だけで、待てるようになります。

ワンPOINT!

できないときは、第三者に協力してもらおう

犬がどうしても動いてしまうときは、他の人に静かに後ろでリードを持っていてもらいましょう。リードはたるんだ状態でOK。犬が動こうとしたら引っ張って、コントロールしてもらいます。

DVD 7 基本トレーニング④ コイ

マテができるようになったら、すぐにコイのトレーニングも行ないましょう。呼んだら来るようにしつけておくことは、とても重要です。

1 「マテ」と声をかける

向い合って犬を座らせ、「マテ」と声をかけます。

2 適度に離れる

そのまま人が後ろに下がり、適度に離れます。

3 「コイ」と犬を呼び込む

犬が人を追いかけたくなるように、後ろへ下がりながら「コイ!」と呼び込みます。

ワンPOINT!

逃げるものを追う習性をうまく活用

犬には、逃げるものを追いかける習性があります。逃げるように後ろへ下がりながら「コイ!」と呼ぶと、うまくいきます。

4 座ったら、エサを与える

犬が自然と座りたくなる位置にごほうびのエサを差し出し、座ったら与えます。このとき「スワレ」と言わないようにします。

Check!!
このときは、ごほうびを与えているので、声をかけてほめる必要はありません。

5 少しずつ距離をのばす

1～4ができるようになったら、「マテ」と声をかけて離れる距離と時間を少しずつのばしていきます。

6 「コイ」と犬を呼び込む

後ろへ下がりながら、「コイ！」と呼び込みます。

7 ごほうびを減らしていく

少しずつごほうびのエサを減らし、エサを与えないときは代わりにほめましょう。次第に言葉だけで「コイ」ができるようになります。

DVD 7 ロングリードを使った練習法

周囲に人や他の犬がいたり、犬を安全に放すことができない場所では、長いリードを使って練習しましょう。練習方法は、リードがない場合と同じでOKです。

1 「マテ」と声をかける

犬に長いリードをつけ、対面して座らせてから「マテ」をさせます。

2 適度に離れる

そのまま適度に犬から離れます。リードはたるませた状態をキープしましょう。

3 「コイ」と呼び込む

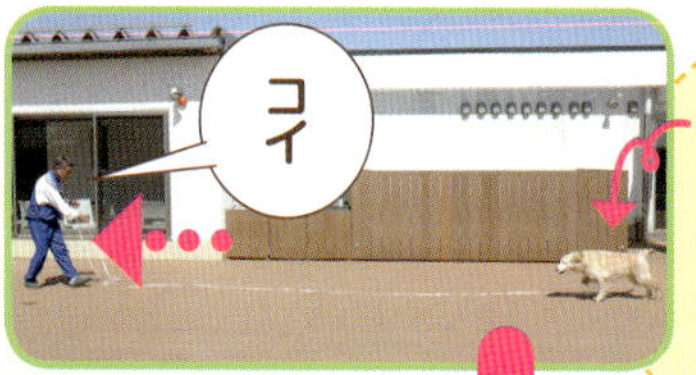

Check!!
「コイ」と声をかけても犬が来ないとき、リードを引っ張ってはいけません。

人が後ろに下がりながら、「コイ！」と呼び込みます。

4 ごほうびを与える

基本の訓練と同様、最初はエサを使い、次第にエサの回数を減らしてほめる方法に移行します。

DVD 7 「コイ」を強化する練習法

第三者にリードを持ってもらって、犬を呼び込むこの方法は、「コイ」をさらに犬によく覚えさせるのに効果的です。

1 リードを持ってもらう

誰かにリードを持ってもらい、飼い主は犬のそばから離れます。飼い主が離れていくことで、犬は不安を覚えます。

2 飼い主が隠れる

飼い主は犬から離れ、物陰に隠れます。

Check!!
隠れるときは、犬に見られていてもかまいません。

3 「コイ」と呼び込む

犬を「コイ!」で呼びます。不安に駆られた犬は、一目散に飼い主の元へやってきます。犬が行こうとしたら、リードは離してもらいます。

4 犬が来たら、ほめる

犬が飼い主のところに来たら、ごほうびのエサを与えるか、犬をほめます。「コイ」の基本訓練と併用して行なってもいいでしょう。

DVD 8 基本トレーニング⑤ ツイテ

飼い主の横に犬がピッタリついて、飼い主に合わせて歩き、止まるトレーニングです。人ごみや公園などを散歩するときも、「ツイテ」ができれば安心です。

1 リードを腰に巻きつける

両手を使って訓練を行なうので、リードは腰に巻きつけておきます。

2 犬を左側に座らせる

犬を人の左側に座らせます。

Check!!
犬の前足が、人の靴ヒモのあたりにくるのが正しい位置です。

3 ごほうびを準備

ごほうびのエサは右手に持ち、左手でひと口分を犬に与えます。常にひと口分のエサを左手に持っておきましょう。

4 鼻先にごほうびを

鼻先にエサを持っていき、ごほうびがあることを犬に示します。

5 1歩踏み出して止まる

1歩踏み出して止まります。犬が人に従って止まったらエサを与えます。このとき、犬が座る必要はありません。

Check!!
犬が止まらないうちは、エサを与えないようにしましょう。

6 3歩、5歩とのばしていく

4～5を繰り返し、できるようになったら、1歩、3歩、5歩と止まるまでの歩数をのばします。犬が人に合わせて止まるたびにエサを与えます。

7 「ツイテ」と声をかける

上手にできるようになったら、「ツイテ！」と声をかけます。

8 曲がったり、回ったりする

人の動きに合わせて歩き出し、止まることができたら、エサを与えます。ときどき、急に曲がったり、くるっと回ったりしてもいいでしょう。

Check!!
人の動きに合わせて、犬が動くようにするのが目的なので、いろんな方向に動いてみましょう。

9 エサの回数を減らしていく

次第にエサの回数を減らします。やがてエサなしでも「ツイテ！」の声だけで人に従い、横について歩けるようになります。

DVD 9

基本トレーニング⑥ ボール遊び

ボール遊びは、スワレ、マテ、コイができてから始めましょう。運動不足を解消し、野性の本能を満足させるのに最適の訓練です。

1 ボールを見せる

ボールを2個用意し、両手に持って犬に見せ、興味を引きます。

Check!!
ボール1個だけだと犬が執着して、返さなくなります。2個のボールを使いましょう。

2 投げながら「ヨシ」と声をかける

ボールに注目させながら、大きな動きでボールを投げ、投げると同時に「ヨシ」と声をかけます。

3 犬が追いかけたくなるように、投げる

犬は逃げる獲物を追う習性があります。目の前を獲物が逃げていくように、犬が追いかけたくなるようにボールを投げます。

4 「コイ」と呼び戻す

犬がボールをくわえたら、「コイ!」と声をかけて下がりながら呼び戻します。

5 ボールを出させる

犬を座らせ、くわえてきたボールを出させます。素直に出すようになったら、出すときに「ダセ」の言葉をかぶせます。

6 無理やり取らない

ボールは無理やり取らないことがポイント。もうひとつのボールを見せて注意を向けさせると、くわえているボールを出しやすくなります。

こんなやり方はNG

× 引っ張りっこにならないように

ボールを無理やり取ろうとすると、引っ張りっこになってしまいます。ほかのボールやエサで注意を引いて、出させましょう。うなって出さない場合は、主従関係ができていない証拠。PART2の基本のしつけをしっかりやり直しましょう。

7 次のボールをすぐに投げる

ボールを出したら、別のボールをすぐに投げます。代わりに次のボールがもらえることがわかれば、素直にボールを出すようになります。

8 ボールを渡さないときは➡エサと交換してもOK

犬がボールを渡さないときは、エサと交換してもOKです。ごほうびのエサを使うと、喜んでボールを持ち帰るようになります。そのうち、エサがなくても持ってこられるようになります。

ワン POINT!

遊びの終わりは人がボールを持つ

遊びを終わりにするときは、飼い主さんがボールを取り上げて終わりにしましょう。犬がとってきた獲物（＝ボール）を渡すことで、主従関係が育まれます。遊びの始め、終わりの主導権を人間がとることが大事です。

DVD 10 基本トレーニング⑦ タッテ

座っている犬を立たせるのは、案外難しいもの。「タッテ」のトレーニングで、すぐに立つようにしつけましょう。

1 犬を横に座らせる

犬を人の左横につけて座らせます。

2 ごほうびを出す

ごほうびのエサを犬の鼻先に出します。

3 エサで前方に誘導

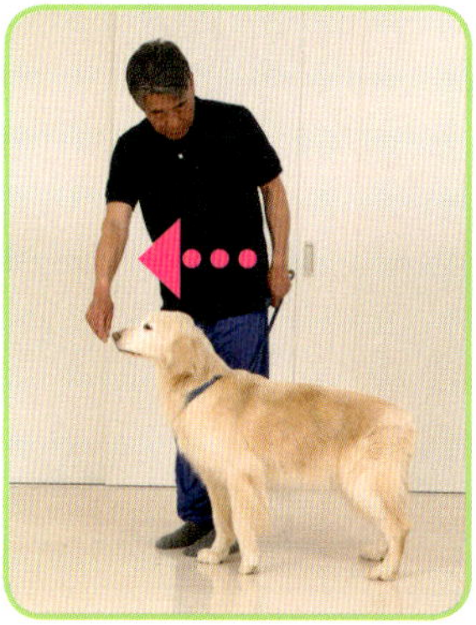

犬が自然に立ちたくなるように、エサを前方に移動します。犬が立ったらエサを与えます。

4 「タッテ」の言葉をかける

1～3ができるようになったら、犬が立ちあがるときに「タッテ」と言葉をかけます。

5 エサを次第に減らしていく

次第にエサの回数を減らします。最初はエサを持っているフリをして誘導するといいでしょう。エサを与えないときは、上手にできたらほめます。やがて「タッテ」の声だけでできるようになります。

DVD 11 基本トレーニング❽ ゴハンのマテ

飼い主が許可をしてからエサを食べることで、服従心を育てます。「どうしたら食べられるか」を犬に考えさせるのがポイントです。

1 犬と向かい合う

犬を座らせて対面し、エサを入れた容器を見せます。

2 容器を差し出す

エサの容器を犬の前に差し出します。

3 容器を引く

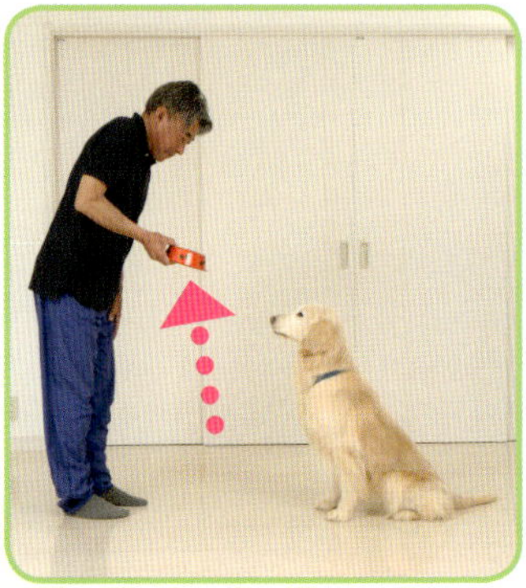

犬が食べようとしたら、エサの容器を引きます。

4 ②〜③を繰り返す

2〜3を繰り返し、座って待っていられるようになったら、エサを下に置きます。すぐに食べようとしたら、エサを持ち上げましょう。

5 「マテ」と言葉をかける

ここまでは無言で行ない、エサの容器が下に置かれても待てるようになったら、初めて「マテ」と言葉をかけます。

6 「ヨシ」と言葉をかける

3〜5秒待たせたら、「ヨシ」と言葉をかけて犬にエサを食べさせます。

PART 4

できるワンコはひと味違う!

応用トレーニング

「応用トレーニング」のコツ

こんなこともできると、遊びやコミュニケーションに役立つ

「3大しつけ」や「基本トレーニング」が確実なものになってきたら、さらに「応用トレーニング」にチャレンジしてみましょう。犬と飼い主さんの関係がより深まり、楽しく遊べるようになります。

犬が楽しみながらできて、人への従属性を高める効果大

この章で紹介する応用トレーニングは、しつけと違って日常生活の中で必ずしも必要なものではありません。

しかし、「オテ」と言うと犬が前足を手に乗せてきたり、「モッテコイ」で犬が新聞を持ってきたりするのは、飼い主にとってとてもうれしいことです。

また、犬のほうもトレーニングを通して飼い主に対する従属心、服従心を育むことができ、絆を深めることができます。

応用トレーニングは、犬との遊びの中で覚えさせるのがよいでしょう。練習することそのものが、犬との楽しいコミュニケーションとなるはずです。

応用トレーニングは、遊びの一つとして覚えさせるのが一番です。

こんな**効果が**期待できる

いいコ

1. 従属心、服従心が育まれ、いい関係に
2. 遊びのバリエーションが増える
3. 飼い主さんとの絆が深まる

犬に与えるのに、安全なオモチャの選び方

●「モッテ＆ダセ」用

トレーニングに使うオモチャは、犬がくわえやすい形状のものを選びましょう。

●ボール遊び用

大きすぎず、小さすぎず、安全にくわえられるものがおすすめ。あなたの飼っている犬の大きさに応じて、サイズを選びましょう。

●引っぱりっこ用

ヒモがついたオモチャは、引っぱりっこに最適。終わりにするときは、必ず飼い主さんが取り上げるようにしましょう。

●一人遊び用

中におやつが仕込めるタイプのオモチャも、犬は大好きです。飼い主さんが不在で留守番するときなどに、与えるのに適しています。

楽しい雰囲気で、できなくても犬を叱らずにやるのが成功の秘訣

応用トレーニングは、「3大しつけ法」や「基本トレーニング」ができるようになってから始めましょう。難易度順に並んでいますから、1から順番に教えていくのがおすすめです。

基本トレーニングと同様、訓練は最初無言で行ない、犬に考えさせることがポイントです。楽しい雰囲気の中で行ない、できたらほめること、できなくても叱らないことが重要です。

また、基本トレーニングより難易度が高いものが多いので、すぐにはできないかもしれません。最後は「スワレ」など、犬ができることをして、しっかりほめて訓練を終わらせましょう。

ワン POINT!

「マイマット」を決めておくと、トレーニングがやりやすくなる

応用トレーニング2「マット（休止）」の訓練はもちろん、他のトレーニングも決まったマットの上で行なうと条件づけがしやすくなるのでおすすめです。

DVD 12

応用トレーニング❶ オテ

オテの動作をするまでは黙って待ち、前足をかけたら「オテ」の声をかけるのがコツです。

1 エサを見せ、手に握る

犬にエサを持っていることを見せてから、手の中に握ります。

2 手を差し出す

エサを持った手を犬の前に差し出します。

3 無言で待つ

犬がじれて、握った手に前足をかけるまで無言で待ちます。

4 前足をかけたら与える

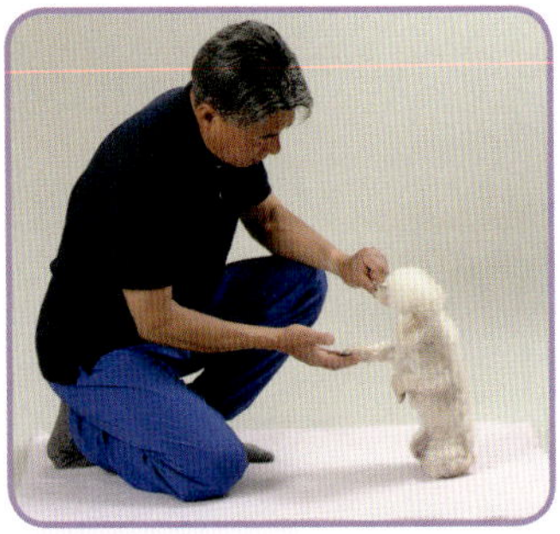

握った手に犬が前足をかけたら、すぐにエサを食べさせます。

5 エサなしでトライ

1～3を何度かくり返し、人の手に前足をかけるようになったら、エサを持たずに手のひらを広げた状態で犬の前に差し出します。

6 「オテ」と言葉をかける

手に前足をかけようとしたら、「オテ」と声をかけ、エサを与えます。次第にエサがなくても「オテ」の声だけでできるようになります。上手にできたらほめてあげましょう。

DVD 13 応用トレーニング② マット（休止）

マットの上でじっとさせておくトレーニングです。いつも同じマットを使って練習すると早く覚えます。

1 マットに座らせる

「スワレ」と声をかけ、犬をマットの上に座らせます。

2 エサで誘導

手に持ったエサで誘導し、フセをさせます。

3 腰をくずさせる

手で軽く押さえて、犬の腰をくずさせます。

4 エサを置き、離れる

犬の前足の間にエサを置き、マットから離れます。犬がエサを食べたら、すぐ戻ってまたエサを置き、前よりも少し遠くに離れます。犬は「待っていればエサが運ばれてくる」と学びます。

5 待てるようになったら、声をかける

4をくり返し、マットの上にいられるようになったら、「マテ」の声をかけます。やがて声だけで、じっと待てるようになります。

DVD 14

応用トレーニング❸ モッテ&ダセ

「モッテ」はあごのコントロール、「ダセ」はエサと交換できることをわからせるのがポイントです。

1 オモチャを見せる

犬を座らせ、オモチャを犬に見せて興味を持たせます。

2 くわえさせる

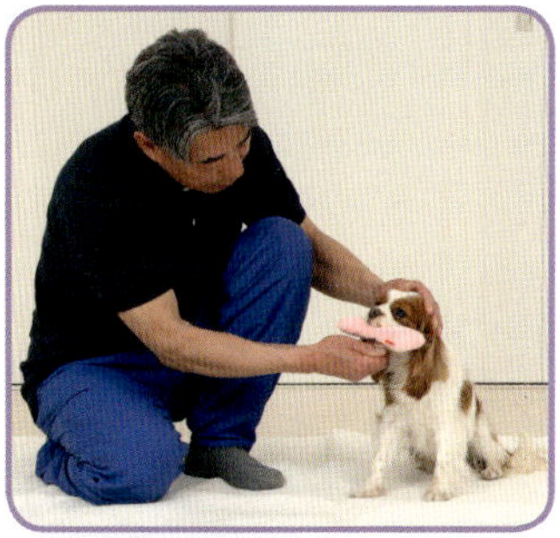

オモチャを差し出し、犬にくわえさせます。慣れないうちは片手で下あごを支えます。

3 「モッテ」の言葉をかける

「モッテ」の言葉をかけます。やがて言葉だけで、くわえていられるようになります。

1 斜め上にオモチャを持ち上げる

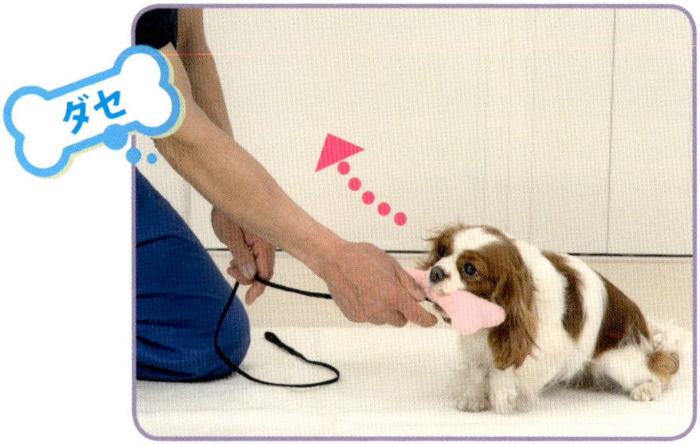

くわえているオモチャを斜め上に持ち上げるようにすると、自然と口を開きます。

2 「ダセ」の言葉をかける

放そうとしたら「ダセ」と言葉をかけ、エサを与えます。くり返すうちに、言葉だけでできるようになります。

DVD 15 応用トレーニング④ モッテコイ

モッテコイは、前ページの「モッテ&ダセ」ができるようになってから練習しましょう。

1 オモチャに興味を持たせる

オモチャを手に持って注目させ、犬に興味を持たせます。

2 近くにポンと投げる

最初はすぐ近くにポンと投げ、「モッテ」と声をかけます。

3 「コイ」で呼び戻す

オモチャをくわえたら、「コイ」で呼び戻します。

4 「ダセ」でエサを与える

犬を座らせて「ダセ」でオモチャを出させ、ごほうびのエサを与えます。次第にエサの回数を減らして練習します。

Check!!
最終的には「ダセ」の言葉だけで、出せるようになるのが目標です。

DVD 16

応用トレーニング5 ゴロン

ゴロンとしておなかを出す動きは、犬の服従心を養うことにも役立ちます。タッチングが苦手な犬には、まず「ゴロン」を教えてもいいでしょう。

1 スワレをさせる

エサを手に持って犬と向き合い、座らせます。

2 フセをさせる

犬にフセをさせます。エサで誘導してフセをさせてもいいでしょう。

3 犬が転がるように誘導

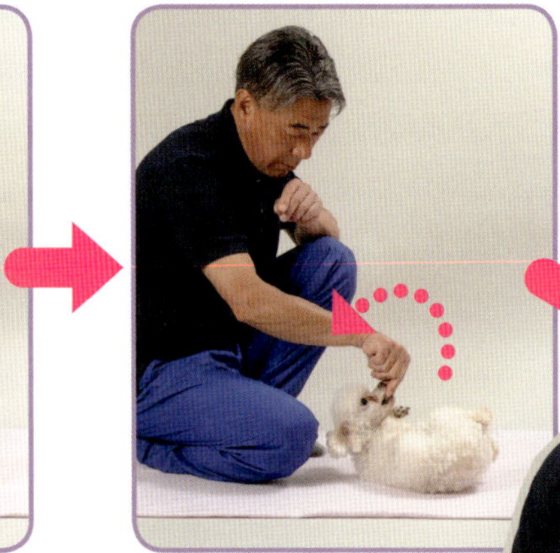

エサを持った手を鼻先にもっていき、犬が転がるように手を動かして誘導します。ゴロンと回転したらエサを与えます。

4 手で誘導する

3ができるようになったら手だけで誘導し、転がるときに「ゴロン!」と声をかけます。うまくできたらほめます。やがて言葉だけでできるようになります。

DVD 17

応用トレーニング⑥ バキュン

難易度はやや高めです。「バキュン!」のひと声でゴロンと転がる姿は、なんともユーモラスです。

1 フセをさせる

犬と向き合って座らせ、「フセ」をさせます。

2 エサで誘導する

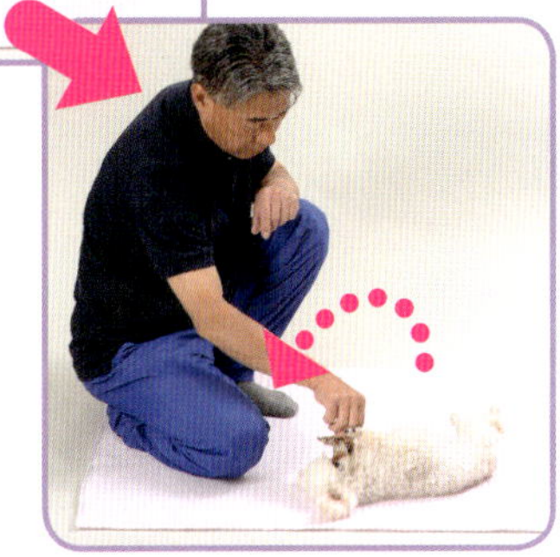

エサを持った手で誘導しながら、犬を倒し「ゴロン」の状態ができたらエサを与えます。

3 倒れたら、声をかけてエサを与える

2ができるようになったら、指をピストルの形にして「バキュン!」と声をかけ、エサを与えます。

4 声だけで誘導する

次第にエサの回数を減らし、「バキュン!」の声だけでできるようにします。上手にできたらほめましょう。

DVD 18

応用トレーニング⑦ ダッコ

「ダッコ」と声をかけて、ぴょんと犬が飛び乗ってくる姿はとてもかわいらしいものです。無理をせず楽しみながらマスターを。

1 ごほうびを見せる

犬を座らせて向い合い、手に持ったごほうびのエサを見せます。

2 ヒザの上に誘導

エサで誘導し、ヒザの上に上らせます。

3 抱きやすい形に誘導

さらにエサで誘導し、抱きやすい形を作りましょう。上手にできたらごほうびを与えます。

4 できるようになったら、「ダッコ」の声をかける

3までできるようになったら、ひざに乗るときに「ダッコ」と言います。やがて声だけで乗ってきます。なれたら中腰でも練習を。

DVD 19

応用トレーニング⑧ オマワリ

犬がついて回りたくなるように、エサや手の高さを工夫すると上手にできるようになります。

1 エサを見せる

犬を座らせて、ごほうびのエサを持っているのを見せます。

2 顔の高さで手を回す

エサを持った手を犬の顔の高さで回し、犬がくるっと1回転するように誘導。できたらエサを与えます。

3 「オマワリ」の声をかける

2ができるようになったら、回るときに「オマワリ」の言葉をかけます。

4 指の指示だけで誘導する

次第に指の指示だけで回れるように誘導します。うまくできたらエサを与えるか、ほめてあげましょう。

DVD 20 応用トレーニング⑨ 8の字くぐり

飼い主の足の間を8の字にくぐらせるトレーニングです。エサを持つ手をタイミングよく替えるのがコツ。

1 両手にごほうびを持つ

犬を横に座らせ、両手にごほうびのエサを持ちます。

2 手で8の字に誘導する

足を開き、片手を足の間から出して犬を誘導します。途中で反対の手を足の間から出し、人の足の周りを8の字を描くように回らせます。

3 エサを与える

上手にできたら、エサを与えます。回り始めるときに「クグレ」「8の字」などの決まった言葉をかけていきます。

4 手だけで誘導

慣れてきたら手だけで誘導。やがて声をかけるだけで回れるようになります。うまくできたらごほうびを与えるか、ほめてあげましょう。

DVD 21 応用トレーニング⑩ 鼻パックン

鼻の上に乗せたエサをパクッとキャッチ。ただし、犬の鼻の形によっては、エサを乗せられないこともあります。

1 向かい合って座らせる

エサを手に持ち、犬と向い合って座らせます。

2 エサを鼻の上に置く

犬の鼻の上にエサを置き、「マテ」と声をかけます。首輪に指をかけて顔を固定すると乗せやすいです。

3 マテができたら「ヨシ」と声をかける

マテができたら、「ヨシ」と声をかけます。犬はエサを食べようと鼻を上に上げます。

4 パクッと食べられたら、大成功

宙に浮いたエサをパクッと食べられたら大成功です。

Column

しつけに役立つ! 犬の習性を知ろう②

吠える、マーキングするなど、ときに困ってしまう犬の行動には理由があります。習性を理解してしつけましょう!

吠える

誰かが家を訪ねてきたときに激しく吠えたてるのは、犬が祖先から引き継いだ警戒本能です。縄張りを侵す外敵を追い払うと同時に、仲間に警告を発しているのです。

人間は犬のこうした習性を利用して、はるか昔から、家族や集落の番犬として役立ててきました。

しかし、ペットとして暮らす現代の犬には、吠えるのをやめさせるようにしつけることが必要です。吠える理由を見極め、適切に対処しましょう（108ページ参照）。

マーキングする

散歩中などにあちこちにオシッコをかけるマーキングは、縄張りを主張する行動です。オスが片脚を上げてマーキングするのは、だいたい生後７～８か月頃から。「ここは僕の縄張り！」と、優位性を主張するためで、性的にも成熟してきた証拠。マーキングはメスも行なうことがあります。

飼い主や家具にオシッコをするのも同じ意味で、権勢本能が強い犬によく見られます。PART2の3大しつけ法をしっかり行なうなどして、むやみにマーキングをさせないようにしましょう。

動くものを追いかける

動くものを追いかけるのは、犬の狩猟本能によるものです。かつて獲物を追いかけて大地を駆けめぐっていた野生の血がかき立てられ、「逃がすものか！」と追いかけずにはいられないのです。

自転車や自動車などに飛びつこうとしたときは、制止できるようにしつけを（123ページ参照）。また、ボール遊び（58ページ参照）やフライングディスクで、狩猟本能を適度に満足させてあげましょう。

ボール遊びは、かつて獲物を追いかけていた頃の本能を適度に満たす、犬が大好きな遊びです。

PART 5

はじめが肝心！ よいワンコに育つ

子犬のしつけ

おうちに迎えたその日からしつけをスタートしましょう

子犬はとてもかわいらしいので、ついつい甘やかしたり、かまいすぎたりしてしまう飼い主さんも多いものです。
でも家族の一員として暮らしていくためには、迎えてすぐ、家に来たその日からのしつけがとても重要です。

最初にしたいしつけ

人との共同生活に早く慣らすために、犬と飼い主さんのルールを徹底しよう

しつけは、人と犬がなかよく暮らしていく上でとても重要なことです。

この章では、家に来たその日から必要なしつけを紹介していきます。それぞれの時期に合わせてしっかり教えていきましょう。

●かまいすぎると落ち着きがなくなる

家に来たばかりの子犬は、不安でいっぱい。かわいいからとかまいすぎると疲れてしまいます。家に着いたばかりの子犬には、まずオシッコをさせてあげます。そのあとはハウスに入れて、そっと様子を見守りましょう。

子犬のうちからきちんとしつけをして、愛される犬に育てましょう。

抱っこのしかた

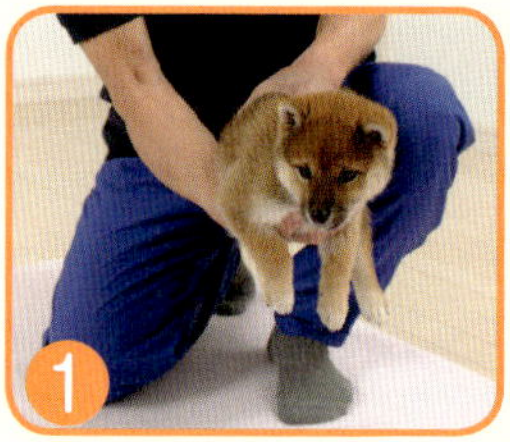

1 後ろから胸に手を当てて、抱き上げます。正面から前足を持つような抱き方は、安定感がなく、犬が不安になります。

2 片手をおしりの下に入れます。

3 背中から支えるように、人のおなかの位置で抱きます。犬のおなかが上向きになるようにしましょう。

× 犬の背中が上になった状態だと、跳びだして逃げやすいです。抱くときはおなかが上になるようにしましょう。

はじめの1週間①
ハウスのしつけ その1

ハウスで過ごす習慣を

家に来たその日からすぐにハウスで過ごすようにして

放し飼いは多くの問題行動の原因になります。かわいい子犬をかまいたいからとハウスから出してばかりいると、順応性が高い時期にしつけのチャンスを逃します。ハウスで過ごす習慣をつけるには、家に来て数日間が勝負ともいえます。

ハウスは足を伸ばしてくつろげるくらいの大きさがベストです。

ハウスのしつけのポイント

❶ 1日の大半はハウスでOK

家に来た日から、エサ、トイレ、子犬とふれあうとき以外は、ハウスに入れておく。

❷ ハウスの置き場所を配慮

子犬はさびしがりやなので、家族の顔が見えるリビングなどにハウスを置くと安心。夜は飼い主さんの寝室にハウスを置きましょう。

❸ 鳴いても出さない

子犬が鳴いても、ハウスから出してはいけません。鳴けば出してもらえると、学習してしまいます。

❸ ハウスを快適に

中にはバスタオルなどを敷いて、居心地よくしてあげましょう。またテレビの近くなど、騒がしい場所は避けます。

ワン POINT!

夜鳴きをしても、ぐっとこらえて無視することが大事

夜眠るとき、人の気配が感じられると子犬は安心します。人が眠るベッドの足元などにハウスを置いたりするとよいでしょう。ただし、子犬が夜鳴きをしても、声をかけたり、抱いたりせず、放っておくことが大切です。ここでかまうと、夜鳴きはいっそうひどくなります。

はじめの1週間❷

トイレのしつけ

タイミングと場所が大切

子犬がそぶりを見せたら、すぐにサークル内のトイレへ

タイミングよく排泄させることが、トイレのしつけの基本。子犬の様子を観察して、排尿や排便のそぶりを見せたらトイレに連れて行きましょう。

●ハウスとトイレは離れた場所に設置

犬はきれい好きで、自分の寝床（ハウス）の中ではウンチやオシッコをしたがらない習性があります。この習性を上手に利用しましょう。

いつもはハウスに入れておき、ハウスから出したときにトイレに連れていくようにすれば、自然に排泄をコントロールすることを学びます。

しつけ成功のポイント

● 失敗しても叱らない

叱られると、子犬は不安感や飼い主さんへの不信感を抱いてしまいます。

● 最初はサークルを使う

サークルの中に、ペットシーツを敷き詰めてトイレの場所にしましょう。完全にトイレを覚えたら、サークルをなくして、トイレトレーにペットシーツを敷いたものを使ってもOK。

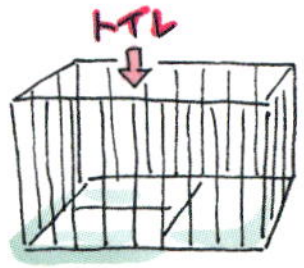

トイレに連れて行くタイミング

1 ハウスから出してすぐ

ハウスの中では、排泄をがまんしています。

2 寝起き

朝起きたとき、お昼寝から目覚めたあとも、トイレタイム。

3 食後

エサを食べたり、水を飲んだあとは、胃腸が刺激されて、排泄が促されます。

4 遊んだすぐあと

遊びに夢中になっていると、つい排泄を忘れがちです。

5 床などのにおいをかいでいる

トイレに行きたいとき、こういった行動をよくとります。

6 そわそわ落ち着きがない

排泄したいときは、場所を探して、落ち着きがなくなります。

ワンPOINT!

オシッコをしているときに、声をかけてもいい

子犬がオシッコをしているときに、「シー」「ワンツー」などと声をかけましょう。すると、だんだんその声をかけるとオシッコをするようになるので、時と場所を選んでオシッコができるようになります。

STEP 1 タイミングを見て、連れて行く

1 サークルに入れる

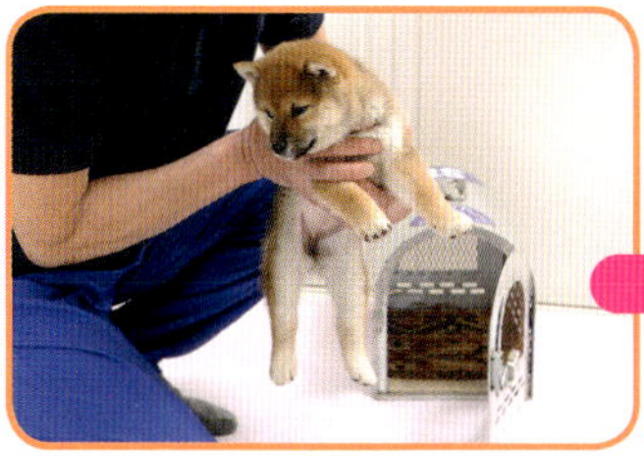

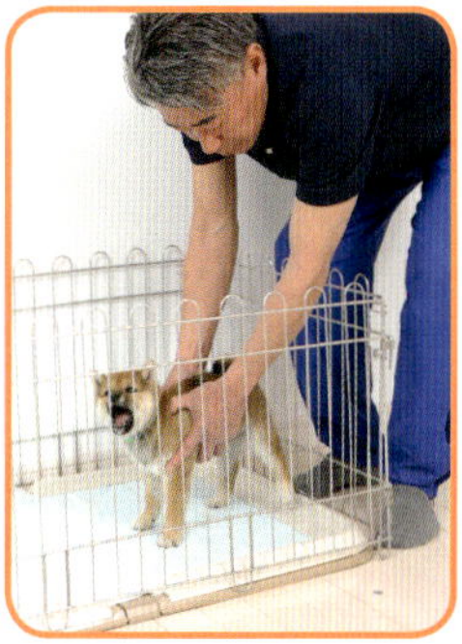

タイミングを見て、子犬をペットシーツを敷き詰めたトイレサークルの中へ入れます。

2 排泄するまで待つ

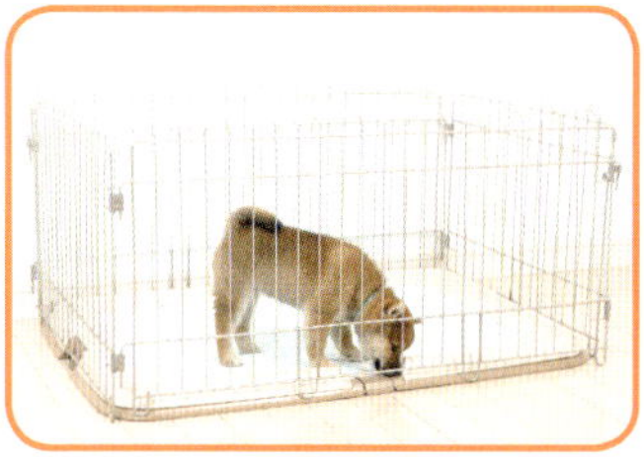

しばらくして、子犬が排泄するまで見守りましょう。

3 できたらほめる

排泄したら「いいこだね」とほめ、トイレから出しましょう。おおげさにほめる必要はありません。1〜3を繰り返すうちに、トイレに入れると排泄するようになります。

STEP 2 自分から行けるようにする

1 サークルを開けておく

トイレで排泄することを覚えたら、サークルの一部を開けておき、自分でトイレへ行けるようにしておきます。

2 排泄するのを見守る

こうしておくと、犬が自分でトイレへ行って排泄するようになります。

はじめの１週間❸
エサのしつけ

優先順位をハッキリと

子犬のごはんタイムは、家族が食事をすませたあとに

エサは犬に必要な栄養素がバランスよく入ったドッグフードがいちばんです。ドライタイプがおすすめです。人が優位であることを教えるために、まず家族が食事をすませた後に子犬のエサを与えるとよいでしょう。

人間の食事は、絶対に分け与えないこと。一度でも与えると、犬はしつこく人間の食べ物をほしがるようになります。

●食事中はむやみに声をかけないで

エサは、ハウスや部屋の中の決まった場所など、子犬が落ち着いて食べられる場所で与えましょう。専用の食器（フード用、水飲み用）を用意し、毎回同じ食器で与えましょう。

食べているときはむやみに声をかけたりせず、食べることに専念させてください。

エサを与えるときの注意点

①決まった場所、容器を用意して

ハウスや部屋の中の決まった場所など、犬が落ち着いて食べられる場所でエサを与えるようにしましょう。また犬専用の食器（エサ用、水飲み用）を用意して、毎回同じ食器で与えます。

②年齢に応じて、回数や内容の見直しを

子犬は一度にたくさん食べられないので、1日何回かに分けてエサを与えます。成長とともに回数を減らし、成犬になったら1日1回で十分です。

【エサをあげる回数と内容】

誕生〜3か月

1日に3〜4回

子犬用のドライフードをお湯か温めた犬用ミルクで、ふやかして与えます。

→

3〜6か月

1日に2〜3回

成犬の約2倍もの栄養素が必要な時期。子犬用・成長期用ドッグフードをあげましょう。

→

6か月〜1歳ごろ

1日に2回

成長期用フードを6か月頃は1日2〜3回与えますが、1歳ごろにかけて次第に1〜2回に減らしていきます。

エサを待てるようにするしつけ

1 食器を見せる

子犬がリードをつけた状態で、しつけを行ないます。まずは、エサの入った容器を見せましょう。

2 近くに来たら食器を引く

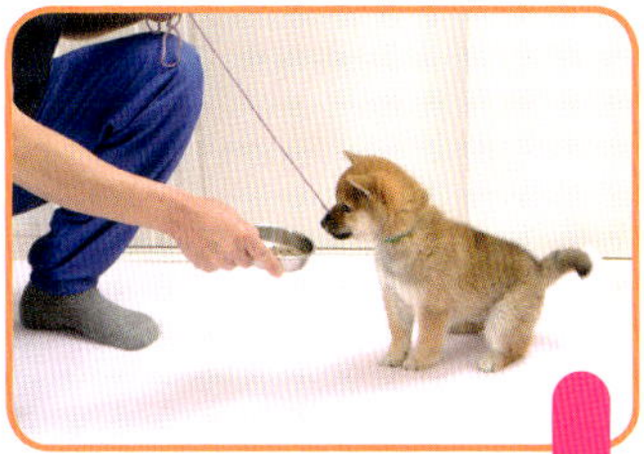

犬が食べようとして近くに近寄ってきたら、食器を引きます。

3 ①〜②を繰り返す

また食器を見せ、近寄ってきたら引くことを繰り返します。そのうちエサを見せても寄ってこなくなり、待てるようになります。ここまでは無言で行ないましょう。

4 「マテ」の声をかける

犬が待てるようになったら、初めて「マテ」と声をかけます。

5 「ヨシ」で食べさせる

「ヨシ」で食器を置いて、エサを食べさせます。

子犬のしつけ… 2週間目～

子犬の世界を広げるためのしつけが欠かせません

新しい家に来てしばらく経って、環境に慣れたら、今度は人に対する信頼感と服従心を養うしつけをしていきましょう。また臆病な犬にならないように、さまざまな体験もさせていきましょう。

社会性を育てるしつけ

人によく慣れて、ものおじしない犬に育てると飼い主さんもラク

生後3か月までの子犬は、日々成長し、毎日たくさんのことを学んでいきます。

この時期は、人に対する信頼感と服従心を養う大切な時期です。また、臆病な犬にさせないように、さまざまな経験をさせることが重要です。

●家族全員で同じしつけをすることが肝心

みんなにかわいがられる犬になるように、子犬のしつけは家族全員で行なうことが大切です。まずはお父さん、お母さんなど大人がしつけを始め、慣れてきたら子どもも参加しましょう。また、子犬が混乱しないように、家族みんなが同じしつけの方法を行なうことが大切です。

この時期に大切なしつけ

① 信頼間と従属心を育むしつけ

ホールドスティルとタッチングは、とても重要。飼い主さんに体を自由にさわらせても平気な犬にしましょう。

◆

② いろいろな体験をさせるしつけ

飼い主以外の人や、ほかの動物、家以外の場所、普段聞かない音など、いろいろなものに触れさせて、社会性を身につけさせましょう。また屋外体験もさせて、散歩を始めるまでに家の外の世界に慣らしておくと安心です。

◆

③ 落ち着いて過ごせるようにするしつけ

ハウスに入って落ち着いて過ごせるようになると、ある程度の時間ならば、留守番したり、車に乗ってお出かけしたりできるようになります。

2週間目～❶

ホールドスティル＆タッチング

体をさわられることに慣らす

子犬のうちから行なうことで 飼い主さんとの信頼関係が深まる

ホールドスティルとタッチングは、とても重要なしつけです。飼い主に自由に体をさわらせることで、信頼感と従属心を育てます。

子犬が新しい環境に慣れたら、すぐに始めてください。みんなにかわいがられる犬になるよう、家族全員で行ないます。

子犬のホールドスティル＆マズルコントロールのコツ

やり方は成犬と同じですが（32～37ページ参照）、子犬のうちからやることで効果は倍増します。慣れていない子犬は逃げようとしがちなので、しっかり両ヒザの間に犬をはさんで行なうといいでしょう。

子犬のタッチングのコツ

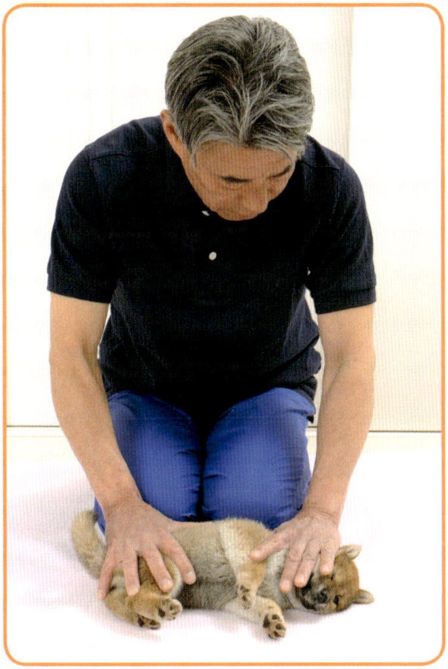

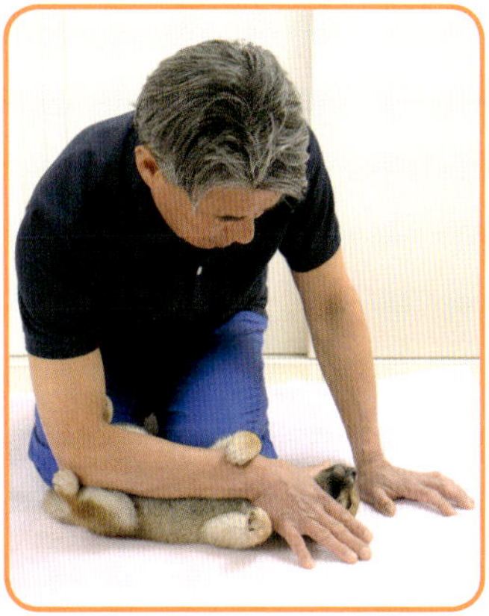

こちらもやり方は成犬と同じです（38～42ページ参照）。前足、後ろ足、耳、しっぽの先からおなか、そけい部などを、くまなくさわりましょう。抵抗しようとしたら、写真のように両手で押さえるか、片方の腕で押さえてロックをして、「終わるまで自由になることはできない」ことを子犬に教えましょう。

2週間目〜❷

社会化期のしつけ

小さいうちからいろいろな体験を

おおらかな性格の犬に育てるには社会化期のしつけが欠かせない

気持ちの安定したおだやかな犬に育てるには、子犬のうちからいろいろな体験をさせることが大切です。くり返しさまざまな経験をさせましょう。

●生後3か月までの間にしつけを

生後3か月までの間を「社会化期」といいます。この時期は、「いろいろな人やものを見たり、ふれあったりするのは楽しいことだ」と子犬に思わせることがポイントです。

ワクチン接種が終わっていない子犬のうちは、抱っこやバッグに入れて出かければ安心です。

【いろいろな人に会わせてみよう】

- **郵便屋さんや配達の人**　家にはいろいろな人が来ます。配達物を受け取るとき、犬を抱いて応対して慣らしましょう。
- **近所の人、友人・知人**　いろいろな人に子犬をなでたり、抱いたりしてもらいます。
- **赤ちゃん、子ども**　赤ちゃんを見せたり、子どもに頭をなでたりしてもらいます。

このほか、バッグに入れて商店街など人がたくさんいるところに出かけ、いろいろな服装や年齢の人を子犬に見せましょう。

【いろいろな動物に会わせてみよう】

- **いろいろな犬**　いろいろな犬種、子犬、老犬などにも会わせます。多くの犬と接触することで、ほかの犬と仲良くできるようになります。
- **猫**　子犬のときから猫と会わせます。友好的な猫であれば、一緒に飼っても上手に暮らせます。
- **その他のペット**　ウサギ、ハムスター、小鳥など、できるだけ多くのペットを見せておくといいでしょう。

ほかの動物と接触させるときは、しっかり見守って事故のないように気をつけましょう。

ほかの犬や動物と会わせるときは、抱っこしたり、リードをつけるなどして、しっかりと安全を確保しましょう。

生活に必要な体験をさせてみよう

- **グルーミング**　タッチングに慣れてきたら、ブラッシングや爪切りなどの体の手入れを始めて。
- **歯磨き**　子犬のときから歯磨きの習慣をつけましょう。犬用の歯ブラシか、ガーゼまたは犬用の歯磨きシートでお手入れします。
- **シャンプー**　足先などを少しずつお湯で濡らし、徐々に水に慣らします。ドライヤーにも慣らしておきましょう。
- **診察**　予防接種だけでなく、子犬のころから健康診断などを通じて診察に慣らしておきましょう。

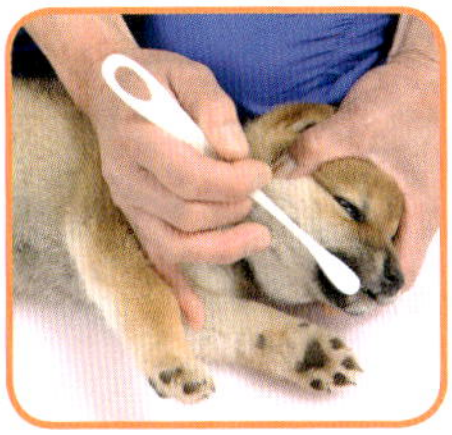

ブラッシングや歯磨きといった体のお手入れは、小さいうちから習慣にしておくことが大事です。

いろいろな音を聞かせよう

- **音楽やテレビ、ラジオ**　小さな音から始めて、少しずつ音に慣らしていきましょう。
- **掃除機の音**　掃除機が苦手な犬は多いもの。はじめは遠くで掃除機をかけて慣らします。
- **踏み切りや電車の音**　はじめは遠くから聞かせ、慣れてきたら近くでも聞かせます。
- **雷や花火の音**　子犬のころから慣らしておけば、あまり怖がらなくなります。

いろいろな場所に連れ出そう

- **近所を散歩**　最初は家の近くを、慣れてきたら少しずついろいろなところに連れて行きましょう。
- **車が多い場所**　交通量の少ない道路から始め、徐々に交通量の多い通りへ行き、慣れさせます。
- **繁華街**　街の喧騒に慣らしておけば、犬と一緒に買い物にも行けるようになります。
- **公園や川べり、海**　街の中だけでなく、自然とのふれあいもさせましょう。

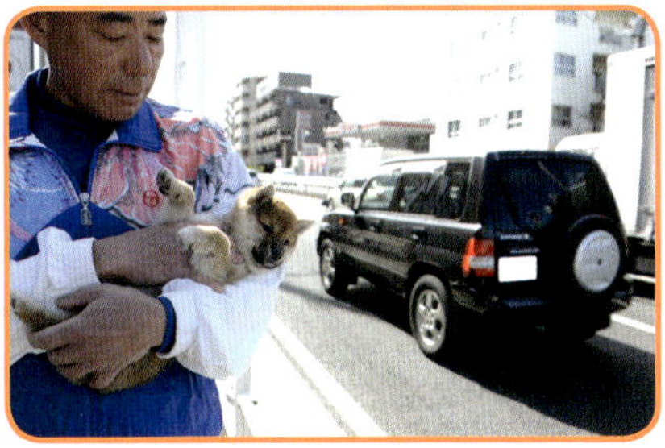

交通量の少ない道路から始めて、徐々に車の多い通りに慣らしていきましょう。

ワン POINT!

バッグに入れて部屋にかけるしつけも効果的

特別なことをするのではなく、ふだんの生活そのものが社会化のしつけのひとつになります。子犬をバッグなどに入れてドアノブなどにかけ、家族のいつもどおりの生活を見せるのも子犬にとってはいい経験になります。

2週間目〜③

ハウスのしつけ その2

自発的にハウスに入れるように

「入りたい」と思う犬の気持ちをうまく応用するのが成功のコツ

いつもハウスにいることを覚えた犬は、無駄吠えをせず、留守番もトイレも上手にできるようになります。「ハウス」の声で子犬が自分から入るようにしつけをしましょう。

●最初はエサを使ってしつけを

「ハウスにいると、いいことがある」と思わせるのがしつけのコツです。エサなどを使って、犬が自分からすすんでハウスに入りたくなるように、上手にしつけましょう。

無理に押し込んだり、いたずらをしたからと罰としてハウスに閉じ込めたりるのはよくありません。ハウスが嫌いになるだけです。

ハウスは何があっても安心な自分だけの場所、プライベートルームだと子犬にわからせること。ハウスを大好きにさせることが早道です。

ハウスができるとこんなときにも役立つ

① 来客時や留守番のとき

配達の人が来たり、来客があっても、ハウスで落ち着いて過ごすことができれば過剰に反応したり、しつこく吠えたてたりしません。

◆

② ドライブや電車などでの外出時

動物病院への通院や旅行、引っ越しなどで外出するときも、ハウスに入れて移動すれば安心です。電車やバスにも乗せられます。

◆

③ 人に預かってもらうとき

誰かに預かってもらうときも、ハウスができると安心。災害などで、万が一避難生活を送るときにも役立ちます。

ワンPOINT!

家の中ではこんな場所にハウスを置いてあげると落ち着く

ハウスは、リビングの一角など、家族の顔が見える、落ち着ける場所に置くといいでしょう。あまり人の出入りの激しい場所だと、落ち着きません。右の写真のように、壁にイスなどをつけ、その下にハウスを置いてもいいでしょう。

自分からハウスに入るようにするしつけ

1 エサを見せる

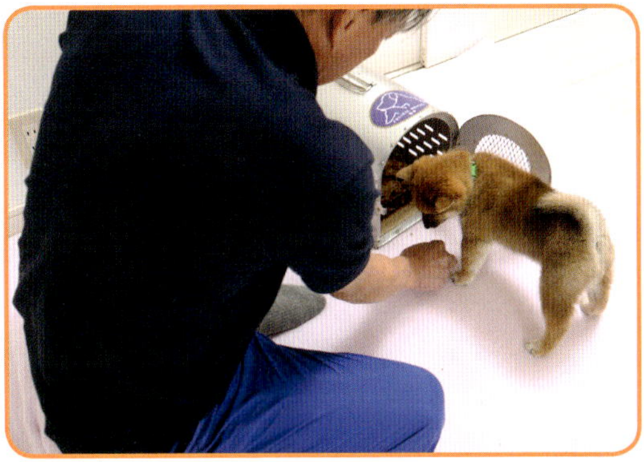

エサを手に持ち、犬に見せて興味を引きます。

2 エサを投げ入れる

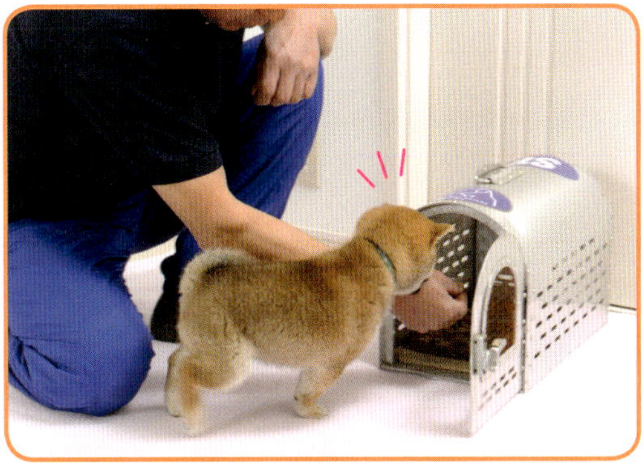

ハウスの中に、手に持っていたエサを投げ入れます。

3 入るときに声をかける

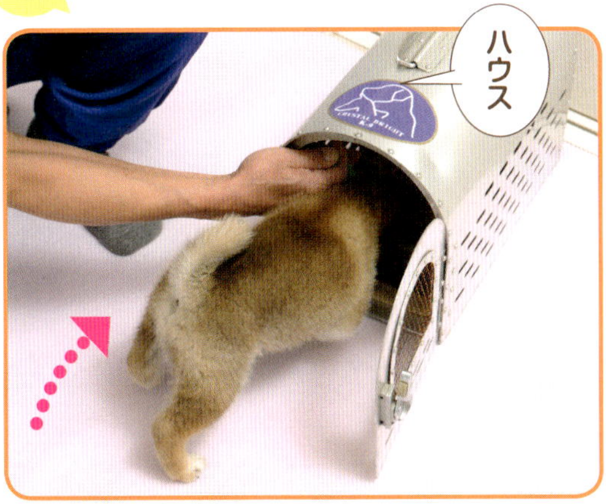

犬はハウスに入ってエサを食べます。このとき、犬が入るタイミングで「ハウス」と声をかけましょう。まだ扉は閉めないでください。

4 エサを再び置く

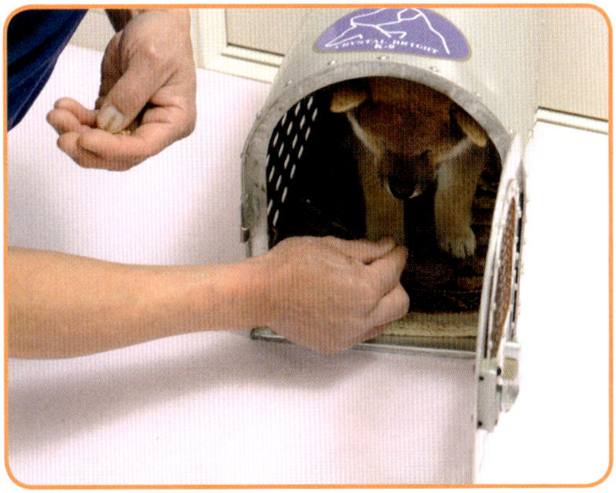

犬がハウスから出てこようとしたら、ハウスの入り口にエサを置きます。

自分からハウスに入るようにするしつけ

5 入っていられるようになったら扉を閉める

やがて犬は「この中にいれば、エサが食べられる」と理解し、おとなしく中に入っていられるようになります。こうなったら、扉を閉めましょう。

6 声だけで入れるようになる

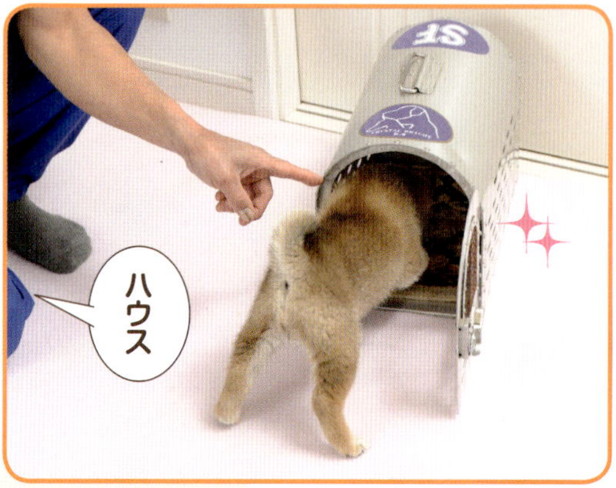

繰り返し練習するうちに、「ハウス」の声だけで入れるようになります。こうなれば扉を閉めても、安心して中に入っていられるようになります。

こんなやり方はNG

× 無理に入れようとする

犬が入りたがらないのに、無理やりハウスへ押し込もうとするのはやめましょう。

× 嫌がっているのに扉を閉める

犬がハウスの中に入って、落ち着いていられるようになってから、扉を閉めるようにしましょう。

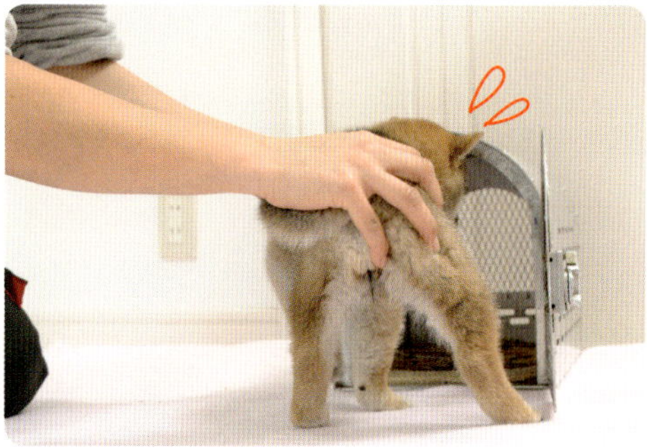

無理に入れようとすると、ハウスがどんどん嫌いになってしまうので気をつけて。

犬が入りたい気持ちを活用する方法

◆ハウスの中にエサを入れておき、犬が中に入りたくなる気持ちを利用する練習法もあります。

1 エサを見せる

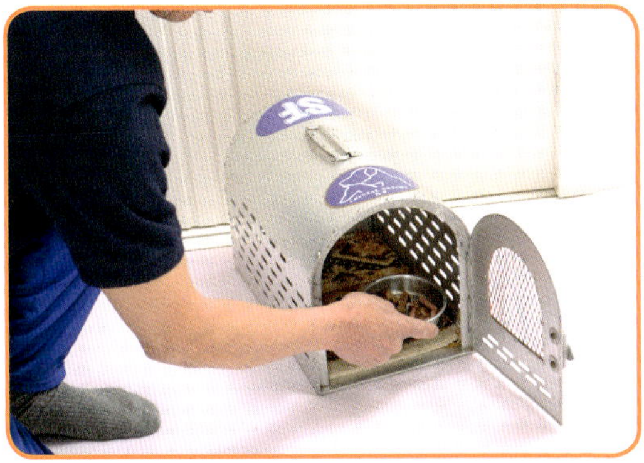

食器に入れたエサを見せて、犬の興味を引きます。

2 扉を閉める

エサをハウスの中に入れて、扉を閉めます。

3 入りたがるのを見守る

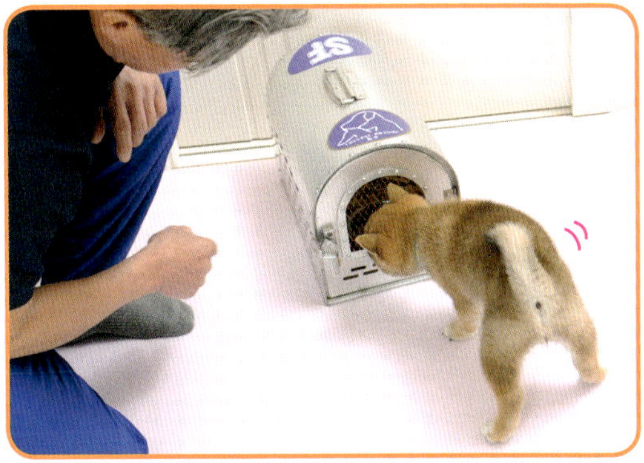

犬はハウスの中にエサがあるので、食べたくてハウスに入りたがります。

4 声をかける

扉を開けると、ハウスに入ってエサを食べます。入るときに「ハウス」と声をかけましょう。繰り返し練習すると「ハウス」と声をかけるだけで、入れるようになります。

2週間目〜❹

屋外体験をさせる

どんな場所でも歩けるように

散歩デビューの前に屋外を自分の足で歩く練習を

散歩デビューのときに初めて外を歩かせるのでは遅すぎます。安全な場所を選んで、屋外で自分の足で歩く練習をしておきましょう。

● 自宅の庭や近所など安全な場所で

まずは子犬に屋外体験をさせましょう。自宅の庭や近所など安全な場所を選び、飼い主が見守れる範囲内で行ないます。

散歩に出かけると、いろいろな地面を歩くことになります。子犬のうちにさまざまな地面を歩かせることで、おとなになってもどこでも堂々と歩ける犬になるでしょう。アスファルト、土、砂利、草の上などを歩かせ、足の感触を体験させます。次のページで紹介する「追随」の練習と一緒に行なうのがおすすめです。

いろいろな環境に慣らしておこう

子犬のうちに、いろいろな環境を歩かせましょう。地面の温度や足に伝わる感触、空気のにおいなど、五感で感じるすべての情報が子犬にとっては学習です。
屋外体験の1回の時間は、短くてかまいません。あまり長すぎると子犬が疲れます。
屋外では、砂ぼこりをかぶったり、場所によってはダニがついたりすることもあります。外を歩かせたあとは、しっかりブラッシングしましょう。

ワンPOINT!

ワクチン接種がまだの子犬は見知らぬ犬と接触させないで

「子犬を外に出すのは心配」という人もいるでしょう。ワクチン接種が終わって免疫ができるまでは、庭や家の周りなど、飼い主の目が届く範囲を歩かせます。その際、見知らぬ犬と接触させたり、ほかの犬がマーキングしたあとをかがせたりしないように注意します。

子犬の習性を利用した「追《つい》随《ずい》」の練習方法

1 先を歩く

安全な場所で、子犬を視界に入れながら、先を歩きます。

2 後をつかせる

子犬には、親犬の後を追って歩く習性があります。飼い主さんの前へ子犬が出ないように、後をついて歩かせる練習をしましょう。

散歩を始める前に「追随」を

「追随」ができているとリーダーウォークもスムーズ

子犬には、「おいていかれたら大変！」と飼い主の後を追って歩く習性があります。散歩デビューの前に、この習性を利用して、子犬に人の後をついて歩かせる練習をしておきましょう。

まずは室内で練習し、うまくできたら屋外でも同じように歩かせます。犬社会ではリーダーが前を歩く習性があります。この練習をしておけば、リーダーウォークのしつけもスムーズになります。

こんなやり方はNG

× 犬が先に行ってしまう

犬が飼い主さんより前へ出ようとしたら、行く先を阻むように前へ出て、後ろにつくように促しましょう。

2週間目〜⑤

首輪とリードに慣らす

お散歩デビューの前に練習

軽いものからトライして首に何かをつける状態に慣らす

最初は毛糸など、軽くて負担や違和感のないものを犬の首に巻いてみましょう。次第にリボンやハンカチなどに替えていき、さらに慣れたら首輪をつけます。

●慣れてきたら首輪つきで「追随」を

首輪に慣れてきたら、ときどきリードもつけてみます。首輪とリードに慣れたら、部屋の中を自由に歩かせます。「追随」の練習もしましょう。首輪とリードに十分に慣れたら、飼い主がリードを持って歩いてみてください。犬はちょこちょこ後をついてくるはずです。

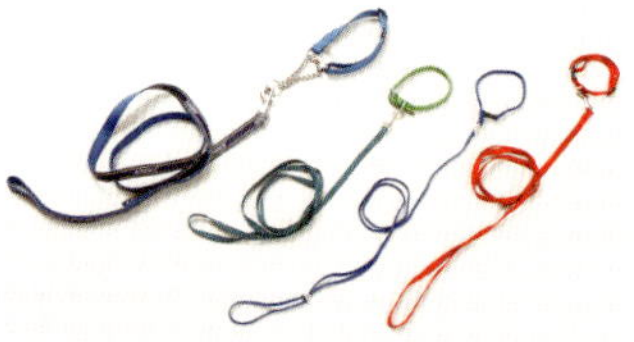

首輪とリードの選び方

● 犬の首に負担がかからないものを選ぶ

首輪とリードにはさまざまな材質、デザインのものがあります。犬の大きさや毛のタイプに合わせて選びましょう。サイズはゆるすぎず、きつすぎない、首に負担のかからないものを選んで。

◆

● コントロールがしやすいものを選ぶ

リードは散歩のときに、リーダーウォークするために主に使うもの。長すぎたり、伸び縮みするタイプだとコントロールしにくいので、適切な長さのものを選びましょう。

胴輪タイプのものは、リーダーウォークの練習がしにくいので避ける

リーダーウォークの練習では、リードを飼い主さんがコントロールすることで、犬の動きを制して、しつけをします。首輪のかわりに胴輪で散歩させている飼い主さんもいるようですが、これでは飼い主の意図が犬に伝わりにくく、しつけがしにくくなります。首輪にリードをつけるタイプのものを使いましょう。

首に何かをつける練習

◆まずは毛糸やリボン、ハンカチなどを使って首に何かをつけた状態に慣らすことから始めましょう。

1 首にハンカチをつける

子犬の首に、ハンカチをつけます。首を振ったりしても取れないように、しっかりと結んでおきます。

2 自由に歩かせる

しばらくの間、そのまま子犬を自由に歩かせます。こうすることで、首に何かをつけた状態に慣れていきます。

首輪やリードに慣らす方法

1 首輪をつける

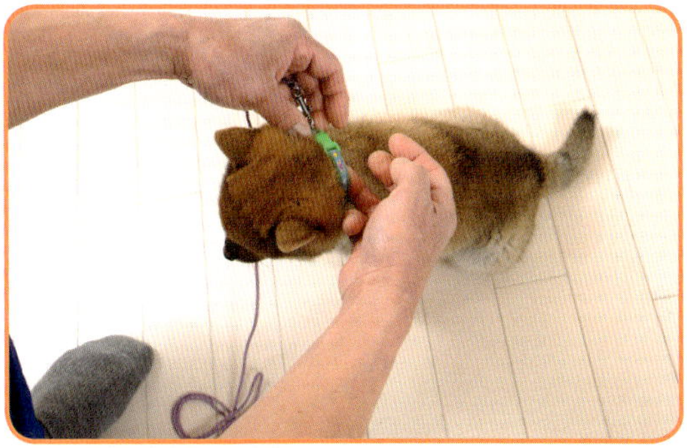

首に何かをつける状態に慣れてきたら、首輪をつけてしばらく自由にさせてみましょう。最初から首輪で練習して、嫌がらなければそれでもOKです。

2 リードもつけて、自由に歩かせる

首輪にも慣れてきたら、リードをつけて、自由に歩かせます。まずは室内で様子を見ながら練習をさせましょう。

2週間目～❻

留守番ができるようにする

よけいな不安を抱かせない

出かけるときや帰宅時には 声をかけずにさりげなく出入りを

外出前に「いい子でお留守番しててね！」などと声をかけると、犬はよけいに心細くなります。これは「分離不安」と呼ばれるものです。

●留守番の練習は少しずつ時間を長くして

留守中は必ずハウスに入れましょう。出かける前と、帰宅後30分間は犬を無視し、よけいな分離不安を与えないようにします。子犬が眠っているときに外出するのもよい方法です。

また、子犬にいきなり長時間の留守番をさせるのは無理です。短時間から始めて、少しずつ時間をのばしましょう。子犬のうちは排泄回数も多いので、数時間以上留守にする場合は、誰かに子犬の世話に来てもらうなどの工夫が必要です。

留守番を上手にするコツ

① ハウスに慣らしておく

飼い主さんが不在の間は、必ず犬をハウスに入れておきます。ふだんからハウスでゆったりと落ち着いて過ごす習慣がついていれば、スムーズに留守番ができます

◆

② 短時間からはじめて

いきなり長時間留守番させられるのでは、子犬も不安になってしまいます。5分、10分、15分と時間をのばしていきましょう。

◆

③ 声をかけずに出かける

「いってきます」「いいコで留守番してね」などと声をかけると、犬はよけいに心細くなります。

ワンPOINT!

犬の問題行動を引き起こす「分離不安」って？

飼い主さんの留守中に吠え続けたり、そそうをしたり、いたずらをするなどの問題行動は、「分離不安」が原因です。子犬のころに強い分離不安を感じると、分離不安のストレスを感じやすい犬になりかねません。小さいうちに、しっかりしつけを始めましょう。

留守番に慣らす練習

◆いつの間にか出かけて、いつの間にかかえってくるのが、留守番上手にするコツ。
短時間から始めて、少しずつ時間を長くしていきましょう。

1 2～3分で戻ることを繰り返す

出かけるしたくをしても出かけない、出かけても2～3分で戻ることを、何度か繰り返します。この間は、犬をずっと無視しましょう。

2 外に出て、様子を見る

外に出て、5分くらい様子を見ます。犬が吠えても無視し、吠えなくなったら家に戻ります。吠えているときに戻ると「吠えたら戻ってきた」と学習してしまいます。どうしても鳴きやまないときは、家の中に入って無視しましょう。

3 少しずつ時間を長くする

10分、15分、30分と、外出する時間を少しずつ長くします。出かけるしたくをしているところを、ちゃんと見せることがポイントです。犬に対しては、ずっと無視を続けます。

4 留守番ができるようになる

やがて、出かけても飼い主は必ず戻ってくると、犬は学習します。こうなれば、おとなしく留守番ができるようになります。

2週間目～⑦

ドライブに慣らす

安全に気をつけて段階を踏んで

子犬のうちから、少しずつ車に乗ることに慣らしていこう

家族でドライブに行ったり、動物病院に連れていったりするなど、犬を車に乗せる機会は多いはずです。いきなり遠出するのではなく、最初はエンジンを切ったまま乗せて、車内のにおいや雰囲気に慣らすといいでしょう。

車に慣れてきたら、近所を軽く走るなど、短い距離からドライブに慣らしていきます。

●車内では安定した場所にハウスを置く

車に乗せるときはハウスなどに入れ、後部座席の足元や、後ろの荷物置きに安定するように置きます。座席との間に隙間がある場合は、クッションをはさむなどして、車がゆれてもハウスが動かないようにしましょう。

ドライブ時の注意点

① ハウスに入れ、途中で出さない

車に乗せるときは、必ずハウスに入れ、目的地に着くまでは基本的にハウスから出さないようにしましょう。

◆

② 車酔いする犬は、エサを控えて

車に乗るとどうしても吐いてしまう犬もいます。こんなときは、前日からエサを与えないようにしましょう。吐くものがないほうが、犬は苦しくありません。

こんなやり方はNG

✕ 助手席に乗せる

助手席などに乗って、窓から顔を出している犬をたまに見かけることがあります。急ブレーキや急ハンドルで、犬が飛ばされるなどして、ケガや事故につながることがあるのでやめましょう。

✕ 抱っこしたまま乗せる

小さい犬だと、抱っこしたまま乗せてもいいように思うかもしれません。でも犬は、ハウスに入っていたほうが落ち着いていられます。また何かのはずみで犬が暴れたときに、大変危険です。

車に乗せる練習

◆車に乗せる練習は、子犬の頃から少しずつしておきましょう。ハウスに入った状態で乗せるのが基本なので、ハウスのしつけもしっかりしておきましょう（88〜91ページ参照）。

1 抱っこして乗せる

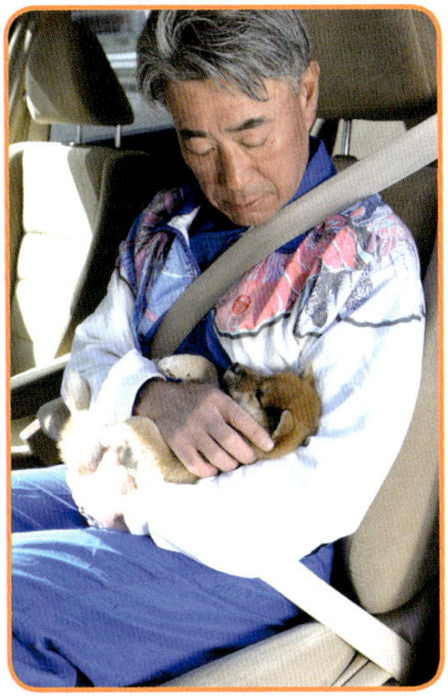

まずは子犬を抱っこして、エンジンを切った車に何回か乗せてみて、様子を見ます。車内のにおいや雰囲気に慣らしましょう。

2 バッグに入れて乗せる

子犬の体がすっぽり収まるくらいの大きさのバッグに入れて、車に乗せます。助手席のヘッドレストの部分にバッグをかけるといいでしょう。エンジンをかけて、音や振動に徐々に慣らしていきます。

3 ハウスに入れて、ドライブ

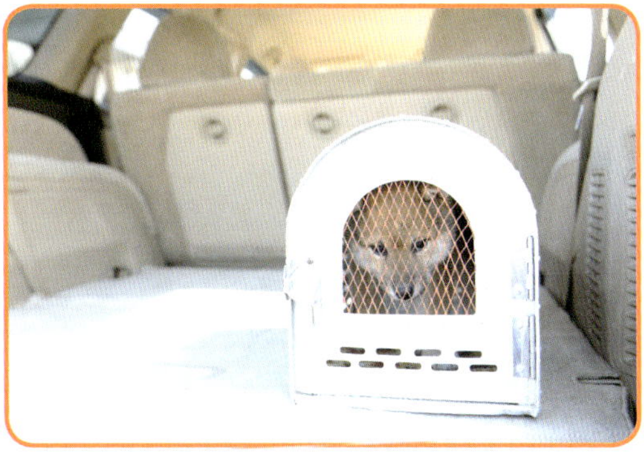

車に慣れてきたら、ハウスに入れて少しドライブ。ハウスは後部座席の足元か、後ろの荷物置きの部分に安定するように置きます。短距離から始め、徐々に距離をのばしていきましょう。

子犬のしつけ… 3か月〜

どんどん外へ出かけて、箱入りワンコを脱却しましょう

生後3か月前後から、散歩に出かけるようにしましょう。
また、ほかの犬とふれあう公園デビューもして、社会性のある犬になるように育てていきましょう。

散歩デビューを成功させるコツ

社会化のしつけができていれば、散歩もスムーズにできる

いよいよ散歩デビューです。飼い主といっしょに自分の足で歩いて、いろいろな社会とふれあっていく散歩タイム。散歩中は人、動物、車などさまざまなものに出会うことになります。

散歩デビューの前に、社会化のしつけや追随、屋外体験を十分に行なっておきましょう。そうすれば何かにおびえたり、びっくりしたりすることもなく、子犬も落ち着いて散歩を楽しめます。

●散歩の主導権は常に飼い主さんが握って

犬とよい関係を築くには、飼い主さんが散歩の主導権を握ることが重要です。右に紹介するルールを守り、人も犬も楽しく散歩しましょう。

散歩のルール

1 時間は決めない

同じ時間に散歩をしていると、犬が吠えて催促するようになります。散歩は飼い主さんの都合がいいときに、不定期に行きましょう。

2 毎日しなくてOK

雨の日、飼い主の体調がすぐれない日、忙しくて時間のない日などは、お休みにしてかまいません。毎日の習慣になってしまうと、予定どおりにいかないときに犬がストレスを感じてしまいます。

3 トイレタイムにしない

散歩で排泄する習慣をつけていると、結果的にどんなときも毎日散歩へ行かなくてはならなくなります。トイレのしつけ（80〜81ページ）はしっかり行なって、トイレタイムと散歩は切り離しましょう。

散歩のしかたを練習

◆子犬の散歩も、基本はリーダーウォーク（26〜31ページ参照）です。
短い距離から始めて、少しずつ距離を長くしていきましょう。

1 首輪とリードをつける

外に出る前に、首輪とリードをつけておきます。

2 人が先、犬は後

子犬を待たせて、飼い主さんが先に外に出るようにしましょう。

3 リーダーウォークで歩く

散歩のときは、常に飼い主さんが1歩先を歩きます。

4 いろいろな場所を歩く

慣れてきたら、アスファルトの上、土の上、砂利道など、いろいろな地面の上を散歩しましょう。時間も少しずつのばしていきましょう。

子犬が外へ出るのを怖がるときは……

抱っこして家を出て、静かに下ろしてから散歩を開始

散歩に慣れていなくて、外へ出るのを怖がったりするときは、抱っこして外に出ましょう。やさしく地面に下ろして、リーダーウォークで歩き始めましょう。

散歩のマナーを守って

排泄で迷惑をかけたり、人に跳びついたりしないよう注意

散歩のときは、周りの人に迷惑をかけないように守るべきマナーがあります。犬嫌いの人を減らすためにも、必ず守りましょう。

●オシッコはすぐに水で流して

散歩に行くときは必ずリードをつけ、いつでも犬を制止できる状態にしておきます。また、リーダーウォークで飼い主が主導権を握ることで、散歩中のトラブルを未然に防ぐことができます。

よその家の敷地や塀などには絶対に排泄させないこと。もし、道などにオシッコをしてしまったときはきれいに水をかけて流します。フンをしてしまったときは必ず持ち帰りましょう。

散歩の持ちものリスト

- ●ウンチ用袋（ビニール袋、レジ袋など）
- ●オシッコを流す水（ペットボトルなどに入れて）

長時間のお散歩のときは…

- ●飲み水と容器

公園で訓練をするときは…

- ●オモチャ（ボールなど）
- ●ごほうび（犬の好物を少し）

公園デビューのコツ

◆公園ではルールを守り、人に迷惑をかけないように気をつけて。
自分の犬からは、絶対に目を離さないようにしましょう。

1 遠くから様子を見る

犬を連れた人がいたら、まずは遠くから様子を見てみましょう。おだやかそうな犬だったら、ゆっくり近づいてみましょう。

2 飼い主さんにあいさつを

飼い主さんに「犬同士をあいさつさせてもいいですか？」と、ことわりましょう。

3 犬同士をふれあわせる

犬同士はにおいをかぎあったり、じゃれあったりし始めます。自由に遊ばせてかまいませんが、犬をしっかり見て、怖がったり、興奮しすぎたりしていたら、離すようにしましょう。

ワン POINT!

飛びつこうとするときは、リードでコントロール

犬がほかの犬に飛びつこうとしたら、リードを一瞬ゆるめてからキュッと引いてターンし、犬から遠ざかり、また近づいてみます。このとき、犬には声をかけずに、無言でターンして犬を座らせましょう。

Column

しつけに役立つ！ 犬の習性を知ろう③

クンクンにおいをかいだり、穴を掘りたがったり。
犬がよくする行動には、どんな秘密があるのでしょうか？

においをかぐ

飼い主さんのにおいを含め、犬はさまざまなにおいを記憶、分析し、情報を得ています。

他の犬とにおいをかぎ合うのは、犬同士のあいさつ。お尻の肛門腺から出るにおいをかぎ合うことで、個体を識別し、確認し合っているのです。社会化期にほかの犬との接触が少ないと、しっぽを脚の間にはさんでにおいをかがせないようにする、社交性のない犬になりがちです。

散歩中にあちこちのにおいをかぐのは、ほかの犬のマーキングなどをチェックするためです。

穴を掘る

犬は穴を掘ってエサやオモチャを隠したり、穴の中に寝たりということをよくします。これは、巣穴を掘ったり、余ったエサを埋めてしまっておいたオオカミ時代の習性の名残りといわれます。

とはいえ、庭のあちこちに穴を掘りまくるような場合は、散歩不足などの欲求不満や、なんらかのストレスを考えてみるべきでしょう。

庭に放し飼いにしているとストレスがたまりやすいので、きちんとサークルなどで囲い、ハウスを置いて飼うことが大切です（9ページ参照）。

散歩が大好き

飼い主が散歩用のリードを手にしただけで、大喜びしてはしゃぎまくる。そんな犬は多いはずです。これは単に散歩がうれしいのではないのです。

散歩とわかるとはしゃぐのは、野生時代に群れで狩猟などに出かける際の、儀式的な集団行動の名残りで、団結心を高める効果があったと考えられています。

ただし、興奮した犬をそのまま連れ出すのはNG。リーダーウォークの正しい立ち位置をとらせ、落ち着かせてから散歩に行きましょう。

お互いの
お尻のにおいを
かぎ合うのは、
犬にとって
あいさつのひとつ。

PART 6

お悩み解決！

しつけのツボ

原因を知って賢く対処

問題行動解決の「4つのポイント」をおさえておこう

吠える、かむ、言うことを聞かない……。犬の問題行動には、必ず原因があります。
飼い方をもう一度見直して、トラブルを解決していきましょう!

飼い方の間違いが大きな原因

トラブルが起こったら飼育環境の見直しを

犬が起こすトラブルで、犬のほうが悪いということはまずありません。犬に原因を探すのではなく、飼い方をチェックすることが大切です。

適切なしつけを行ない、飼育環境を整えれば、問題行動は必ず解決します。

●基本のしつけをしっかりすることが大事

吠える、うなる、かむなどの問題行動は、飼い主との間にきちんとした主従関係が築かれていないことが原因です。

基本のしつけである「3大しつけ法」を実践して愛犬の服従心を高め、飼い主さんが頼れるリーダーになることがトラブル解決への近道です。

主従関係がしっかり築ければ、ほとんどの問題行動は解決できます。

問題行動の6つの原因

1 権勢症候群

犬が家族のボス的存在になってしまっていると、反抗的な態度をとり、飼い主さんの言うことを聞かなくなってしまいます。

2 分離不安症

子犬の時期にいきなり長時間留守番をさせたりすると、強い不安や孤独感から、むだ吠えなどの問題行動を起こすことがあります。

3 環境が悪い

ハウスが落ち着かない場所にあるなどの環境が原因で、神経質な性格になり、吠えたりおびえたりするようになってしまうことも。

4 病気やケガ

体調が悪いために、そそうをしたり、人にかみついたりすることもあります。

5 ストレス

ずっとハウスに入れっぱなし、運動不足、飼い主さんとのコミュニケーション不足などが原因で、問題行動を起こすことがあります。

6 飼い主さんの間違った対応

飼い主さんがよかれと思ってやっていることが、実は問題行動の原因に結びついていることもあります。

ご旅行には三社のガイドブックをどうぞ
JTBパブリッシング・山と溪谷社・実業之日本社

歩く地図 Nippon

たびんぐ 旅ing

山と渓谷社

●

てくてく歩き

プチ贅沢な旅

実業之日本社

●

るるぶ 楽楽 らくらく

タビリエ

JTBパブリッシング

●

問題行動解決の4つのポイント

1 3大しつけ法を繰り返し実践

主従関係が逆転した権勢症候群の犬には、PART2で紹介する3大しつけ法をくり返し行ないましょう。体をさわらせない犬は、まずリーダーウォークから始めます。

2 家族がリーダーになる

いつも落ち着いて堂々と犬に接する、なんでも人が先にする、快適な場所は人が優先、要求吠えに従わないなど、人間がリーダーシップをとることが問題行動解決のカギです。

3 叱らずに無視を

犬には、群れの仲間から無視されるのがいちばんのおしおきです。問題行動は、叱らずに無視することがポイント。叱ると注目されたと思い、ますますエスカレートします。

4 天罰方式で対処

すぐやめさせたい行動は、天罰方式で対処しましょう。「これをするとなぜか、嫌なことが起こる」と思わせるのがコツ。目を合わせると、天罰ではなく体罰になるので注意!

悩み 1

要求をのまず、無視するのが最善策

吠える

犬が吠えるのには、必ず理由があります。原因を探り、それに対処し、しつけの見直しをしてみましょう。

「吠える」原因とは？

理由が必ずあるので、適切なしつけや環境整備を実践

犬が吠えるのは、何らかの理由があります。その原因がわからないまま、「吠えちゃダメ！」と叱っても事態は変わりません。でも、ささいなことですぐに吠えたり、四六時中吠え続けたりするなど、飼い主が制御できないのは問題です。

むだ吠えに悩んでいる場合、その場その場で叱っても効果はありません。原因を探り、根本的な解決法を見つけましょう。

✕ こんな対処法はやめて

叱る	大声で「静かにしなさい！」などと注意すると、犬は余計に吠えます。
叩く	体罰を加えられても、犬にはなぜそうされるかがわからず、飼い主さんへの不信感だけが残ります。

対処法の基本

お悩み解決！

1 リーダーシップをとる

主従関係が逆転していると、何かと吠える犬になります。日頃から３大しつけ法を十分に行ない、リーダーシップをとりましょう。

2 無視する

散歩やエサの要求吠えは黙って無視。名前を呼んだり、どなりつけたりすると、犬は注目されているように感じて逆効果です。

3 天罰方式を利用

吠えるのをすぐやめさせたいときは、ペットボトルを近くに投げるなどの天罰方式を。犬を見ないで、知らん顔で行なうのがコツ。

CASE 1 散歩やエサを吠えて要求する

▶▶▶ 黙って無視し、要求に応えない。時間を決めないことも大事

●原因と対処法

散歩やエサの要求吠えは、時間を決めていることが原因。適度に時間をばらつかせましょう。吠えている間は黙って無視し、絶対に要求に応じないこと。吠えるのに応じれば要求がかなうと学習し、さらにしつこく吠えます。吠えるのをあきらめて静かになり、落ち着いたときに、エサや散歩にします。

CASE 2 ハウスの中で吠え続ける

▶▶▶ 黙って無視が基本。ハウスのしつけの見直しも

●原因と対処法

何かを要求したり、注目してほしかったり、警戒して吠える場合が多いようです。いずれにしても、黙って無視することが一番です。

また、天罰方式として「ハウス持ち上げ作戦」も効果的。犬に見えないように、後ろ側からハウスを持ち上げると、驚いて静かになります。

CASE 3 家族が食事をしていると吠える

▶▶▶ ハウスに入れて無視。しつこいときは、天罰方式で対応

●原因と対処法

家族が食べているものがほしいという要求吠えです。一度でも与えると癖になるので、人の食事は絶対に与えないことを徹底してください。ハウスに入れて無視するのが一番ですが、しつこいときは天罰方式を。キャスターつきのワゴンなどにヒモをつけ、吠えたら犬の方に押します。数回くり返すと吠えなくなります。

CASE 4 電話やチャイムの音に反応して吠える

▶▶▶ 3大しつけ法を徹底して、天罰方式も取り入れる

●原因と対処法

犬がボス化して、「縄張りがおびやかされている」と感じているのが原因と考えられます。3大しつけ法とともに、次の天罰方式を併用してもよいでしょう。リードをつけておき、吠えたら、犬を見ないでリードをキュッと引きます。

チャイムが鳴ると玄関に走っていく場合は…

縄張りと群れの仲間を侵入者から守ろうとしているのが原因。ボス化している犬に多いです。放し飼いはやめてふだんはハウスに入れるようにし、3大しつけ法で従属心を養いましょう。

CASE 5 来客に吠える

▶▶▶ ハウスに入れる習慣を徹底する

●原因と対処法

縄張りの侵入者に吠えるのは犬の本能的な行動です。制止してもやめない場合は、権勢症候群の疑いが濃厚です。
３大しつけ法を行ない、来客時にはハウスに入れる習慣をつけましょう。天罰方式も効果的です。

外の刺激に反応する犬には落ち着ける環境を整備

玄関先などにハウスを置くと、見張りに立たされていると感じ、神経質でよく吠える犬になりがちです。ハウスを落ち着ける場所に移動するなど、飼育環境の見直しを（9ページ参照）。

CASE 6 留守番中に吠える

▶▶▶ 留守番のしつけを繰り返し実践

●原因と対処法

留守中に吠える、部屋を散らかすなどの行動は、分離不安が原因です。
ハウスに入れて留守番させる習慣をつけ、96ページで紹介している留守番のしつけをくり返し行ないましょう。

CASE 7 遠吠えする

▶▶▶ 叱るとエスカレートするので注意

●原因と対処法

野生時代からの習慣なので、ある程度は仕方ないですが、叱るとさらに吠えるので無視を。外で飼っていると、近所の犬の鳴き声やサイレンなどに反応しやすくなります。家の中で飼うか、夜は玄関に入れて。

悩み 2

“ボス化”が原因なので、主従関係をしっかりと

うなる・かむ

うなる、かむなどの行動は、重大な事故にもつながります。
犬がボス化しているのが原因なので、主従関係をしっかり築き直しましょう。

「うなる・かむ」原因とは?

自分の優位性、支配性の誇示 攻撃性が強まる前に対処

うなるのは自分の優位、支配性を誇示し、攻撃態勢に入る行動です。簡単にかみつきに発展しかねない状況といえます。

また、かむトラブルを抱えている犬には、子犬のころの甘がみを放置していたケースが多いようです。甘がみは、実は群れの中の順位を確かめる行為。許していると権勢本能がどんどん強化され、飼い主を下に見るようになって、ボス化します。

甘がみを放置しないで

甘がみ対策には、子犬のころからマズルコントロール(32ページ)を徹底して行なうこと。最大の武器である歯や口を自由にさわらせることは、「これを人に対しては用いません」という服従心を育てます。

対処法の基本

1 3大しつけ法を徹底する

さわろうとすると、うなったり、かもうとしたりする犬には、ホールドスティル&マズルコントロールやタッチングを急に行なうと危険。まずリーダーウォークで従属心を養って。

2 リーダーシップをとる

人間が犬に対してリーダーシップをとることが重要です。いつも落ち着いて犬に接する、なんでも人が先にする、快適な場所は人が優先、要求吠えに従わないなどを徹底して。

CASE 1 遊んだり、じゃれているとき、軽くかむ

子犬のころから、マズルコントロールを始めよう

原因と対処法

まだ子犬だからと甘がみを許していると、権勢本能が強くなり、やがて本気でかむようになりかねません。
口と歯を自由にさわらせるようにするマズルコントロールのしつけが有効です。ただし、成犬にいきなりマズルコントロールを行なうのは危険。リーダーウォークで従属心を養うことから始めましょう。

CASE 2 体にさわると、うなったり、かもうとする

まずはリーダーウォークを徹底的に行なう

原因と対処法

体にさわったり、どかそうとしたりしたときに威嚇するのは、犬がボスは自分だと思い込んで、体を自由にされるのを拒んでいるからです。
逆転した主従関係を、PART2で紹介している3大しつけ法で築き直しましょう。まずはリーダーウォークで、人間がリーダーであることをわからせます。

CASE 3

食事中に近づくとうなる、食器に手をかけるとかむ

エサは飼い主からもらうものだと、よくわからせる

ひと口エサ作戦

子犬のころから、「エサは飼い主からもらうものだ」と教えるこのしつけをしっかりしてみましょう。

1

マテ
空っぽだ
ハイ!

犬を座らせてマテをさせ、からの食器を犬の前に置きます。

2

マテ
あ! ひと口
入れてくれた
ハイ!

おとなしく待っていられたら、ひと口分のエサを食器に入れ、「マテ」をかけます。

3

待ってたね!
ヨシ!
ワ〜イ

上手に待つことができたら、「ヨシ」で食べさせます。1〜3を繰り返しましょう。

●原因と対処法

犬には自分の獲物を守り、奪われまいとする本能があります。そこに権勢症候群が加わると、食事中に近寄っただけでうなったり、かもうとしたりします。子犬のころからエサは人からもらうものだと認識させましょう。成犬で問題がある場合は、食事中なるべく刺激を与えないこと。

手から食べさせる練習

食器があるとうまくいかない場合は、この方法で練習してみましょう。

マテ
ヨシ!
パク

エサを手にのせ、犬を座らせて「マテ」をかけます。待っていられたら、「ヨシ」で食べさせます。これを繰り返して。

CASE 4

くわえているものを取ろうとすると、うなったりかんだりする

▶▶▶ 主従関係を徹底して、「ダセ」の練習もしっかりと

●原因と対処法

自分のものを守ろうとする本能と、権勢症候群が合わさった行動です。
リーダーウォークで従属心を養うとともに、ダセ（68ページ）の練習もしましょう。
オモチャは、引っぱりっこなど人と遊ぶものと、犬に与えっぱなしにするものを分けるようにします。

CASE 5

グルーミングすると、かもうとする

▶▶▶ タッチングでさわられるのに慣らしておく

●原因と対処法

さわられるのになれていない、主従関係の逆転などが原因。タッチング（38ページ）の練習を。急にお手入れを嫌がるようになったときは、病気やけがが原因かもしれないので獣医師に診せましょう。グルーミング前に尾の付け根から首のあたりまで逆毛を立てるようにマッサージすると、副交感神経が促され、落ち着きます。

悩み 3

いたずらには天罰方式で、さりげなく対処

かじる・散らかす・なめる

いたずらをしたからと叱りつけると、注目されたと思ってますますエスカレートします。
放し飼いをやめて天罰方式で対処しましょう。

いたずらをする原因とは？

飼い主さんが注目すると余計にするので気をつけて

スリッパや洋服、家具などをかじったり、ゴミ箱をひっくり返したり。こうしたいたずらの原因には、エネルギーやストレスの発散、留守番中の不安、単に面白がっているなどが考えられます。

いたずらを見つけたら、かじられたものや部屋の中をだまって片づけて。叱ったり怒ったりすると、飼い主に注目されていると思い、ますますいたずらをするようになることもあります。

オモチャは犬専用のものを

古いスリッパやタオルなど、人間が使っていたものをオモチャに与えるのはやめましょう。犬は古いものと新しいものの区別がつかないので、新品のスリッパなどもかじってしまいます。犬専用のオモチャを与えましょう。

対処法の基本

お悩み解決！

1 天罰方式で知らん顔で対処

犬のほうを見ないで、知らん顔で罰を与えるのが天罰方式です。「こんなことをしたら、なぜかいやなことが起こった」と犬が学習し、だんだん問題行動をしなくなります。

2 飼育環境の見直しを

広い場所で自由にしていると、犬はすべてを自分の縄張りだと感じ、かえってストレスがたまります。放し飼いをやめ、定期的にハウスにいる習慣をつけると落ち着いて過ごせます。

CASE 1

家具などをかじる

▶▶▶ 主従関係があやふやになっているので、生活ルールの見直しを

●原因と対処法

主従関係が揺らいでいるので、3大しつけ法をくり返し行ないましょう。天罰方式は、「足払い作戦」を。犬が家具などをかじったら、知らん顔をして足払いをかけます。犬の後ろ足の前につま先を入れて、足元をすくいます。苦い味のする、しつけ用スプレーを家具などにかけておくのもよいでしょう。

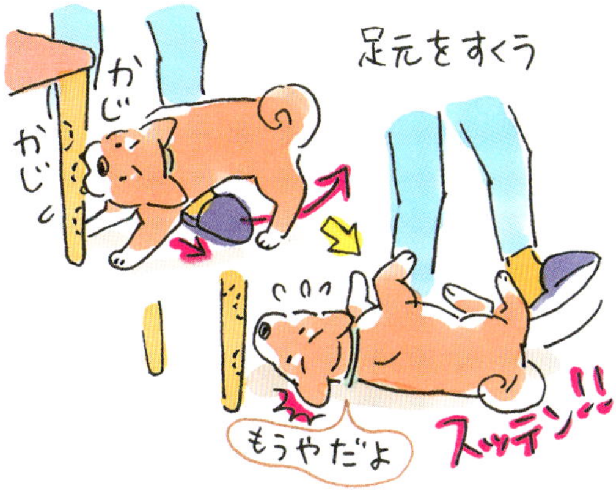

CASE 2

スリッパや靴をかじる

▶▶▶ 無理やり取ろうとせずに、リードなどでしつけを

●原因と対処法

犬はもともとスリッパや靴が好きなわけでなく、飼い主の反応が面白くてくり返す場合がほとんどです。無理やり取ろうとすると、くわえたものを守ろうとしてますます離しません。日頃から「ダセ」(68ページ)の練習をしておきましょう。リードをつけておき、スリッパなどをかじったらキュッと引く「天罰方式」も効果的。

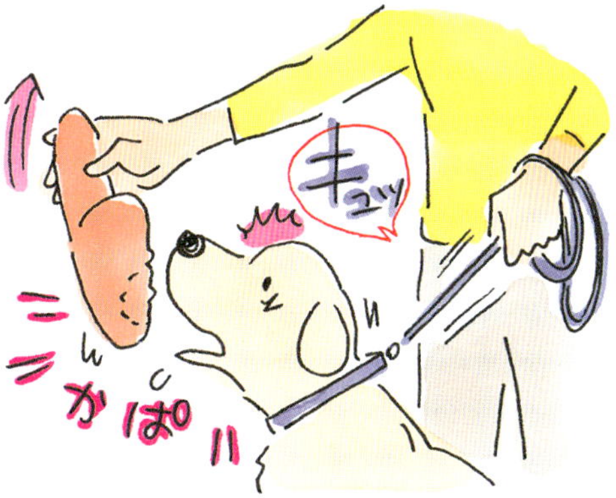

CASE 3 室内にあるものを散らかす

▶▶▶ 飼い主の目の届かないところでは、勝手に遊ばせない

●原因と対処法

目を離したすきに部屋を散らかすなどの行動は、部屋のすべてを自分の縄張りだと思い込んでいることが原因です。
ふだんはハウスに入れ、飼い主の目の届かないところでは勝手に遊ばせないこと。タッチング（38ページ）を、しつけを兼ねたふれあいとして行ない、落ち着いた犬にすることも効果的です。

ハウスの
中ではおちついて
いられるよ

CASE 4 ゴミ箱をあさる

▶▶▶ ふだんからしつけをしっかりして、やってしまったら無言で天罰を

●原因と対処法

勝手なふるまいをするのは、飼い主を甘く見ている証拠。PART2の3大しつけ法で主従関係を築き、ふだんはハウスで過ごさせる習慣をつけましょう。現場を見つけたら、音を使った天罰方式を。犬の近くで知らん顔で鍋などをたたきます。犬は大きな音が苦手なので、くり返すうちにゴミ箱に近づかなくなります。

カーン!!
ゴソ ゴソ
大きい
音やだ…
やめよう…

CASE 5

人の顔をなめる

▶▶▶ 甘えを助長することになるので、すぐにやめさせる

●原因と対処法

野生時代、子犬は母犬の口元をなめてエサを吐き戻してもらっていました。この習性から飼い主の口をなめることがあります。愛情表現と勘違いしがちですが、そうではないのです。
甘えを助長しかねないので、やめさせること。犬が顔をなめてきたら、だまって顔をそむけ、無視します。

CASE 6

自分の体をしつこくなめる

▶▶▶ ストレスや病気が原因のこともあるので、よく観察して

●原因と対処法

足や下腹部など、自分の体の同じ部分をしつこくなめるのは、「グルーミング行動」と呼ばれ、ストレスが原因と考えられます。特に分離不安は原因になりやすいので、留守番のしつけ（96ページ）をしっかり行なって。体の具合が悪いこともあるので、よく様子を観察して、必要があれば獣医師の診察を受けましょう。

悩み 4

リーダーウォークをまずはしっかりと

散歩中のトラブル

散歩は最高のしつけタイムです。リーダーウォークをまずは行なうことで、散歩中だけでなく、日常のさまざまなトラブルが解決します。

散歩中の問題行動の原因とは？

散歩デビュー前に、しつけをしていないと問題が起こりやすい

犬を連れて散歩している姿を見ると、飼い主さんがどれくらいリーダーシップがとれているか、しつけが行き届いているかがひと目でわかります。

群れ（飼い主と犬）が外へ出ていく散歩は、群れの移動を意味します。これがスムーズにできることが、しつけの基本です。まずは散歩デビューの前に、PART2 で紹介している 3 大しつけ、特にリーダーウォークをしっかりと行ないましょう。

散歩中のトラブルを防ぐのはもちろん、しつけ全体にリーダーウォークが役立ちます。

対処法の基本

お悩み解決！

1 リーダーウォークを徹底

リーダーウォークは、すべてのしつけの基本中の基本。リーダーウォークを行なうだけで、逆転していた主従関係が矯正され、散歩中の問題行動がみるみる解消します。

◆

2 散歩の時間やコースを決めない

散歩の時間やコースは、毎日同じにしないこと。飼い主さんが主導権を握ることで、「自分はこの人についていくしかないんだ」ということを犬が学習します。

CASE 1 飼い主を引っ張るように歩く

▶▶▶ 権勢本能が強まっているので、しつけのし直しを

●原因と対処法

自分がボスだと思い込む、権勢症候群が原因です。群れを率いるのは自分だと、ずんずん突進しているのです。「元気があっていいか」と許していると、散歩のたびに権勢本能が強化されてしまいます。
リーダーウォーク（26ページ）を徹底して行ない、逆転した主従関係を築き直して、人が散歩の主導権を握りましょう。

CASE 2 玄関のドアを開けると飛び出す

▶▶▶ 「ドア開け閉め作戦」で、先に出てはいけないことを教える

●原因と対処法

まっ先に犬が飛び出すのは、自分がボスだと思い込んでいる証拠。まず人が先に外に出ることを教えます。ドアを開けて犬が飛び出そうとしたら、「パタン」と鼻先でドアを閉めます。何度かくり返すと、飛び出すうちは散歩に行けないと犬が学びます。待てるようになったら、リーダーウォークで散歩に出かけます。

CASE 3

ほかの犬にうなったり、吠えたりする

▶▶▶ リードコントロールで、いけないことを教える

●原因と対処法

ほかの犬を威嚇するのは、群れの仲間を守ろうとする行動です。飼い主が止めても聞かないなら、かなりボス化しています。リーダーウォークで主従関係を確立しましょう。また、犬が吠えかかる気配を見せたら、無言でリードをキュッと引きます。犬にスワレをさせたり、無言で方向転換したりしてもいいでしょう。

CASE 4

落ちているものを拾って食べる

▶▶▶ リーダーウォークと“レバー作戦”でしつけを

●原因と対処法

拾い食いは、犬を先にして散歩をしているケースがほとんど。リーダーウォークを徹底し「レバー作戦」を。あらかじめレバーなどを道に置き、食べようとしたら犬と目を合わさずリードを引きます。くり返すうち、拾い食いはできないと学習します。上手にできたらごほうびを与え、エサは人の手からもらうと教えます。

CASE 5 人や自転車に飛びつこうとする

▶▶▶ リードコントロールで動きを制して

●原因と対処法

人に飛びつくのは、群れを守ろうとする行動。自転車や走る人を追うのは、逃げるものを追う犬の習性です。リーダーウォークで主従関係をしっかり築き、「マテ」(50ページ)で制止できるようしつけましょう。

CASE 6 勝手にあちこちマーキングする

▶▶▶ 自由に歩けないようにリーダーウォークを徹底

●原因と対処法

あちこちにおいをかいだり、マーキングしたりするのは、縄張りを守り、誇示する犬の習性。そのままにしておくと権勢本能が強化され、ボス化します。散歩には排泄をすませてから行き、リーダーウォークを徹底して。

CASE 7 首輪やリードをつけたがらない

▶▶▶ エサをうまく使って練習を

●原因と対処法

さわられるのを嫌がる場合は、3大しつけ法を。また、首輪の間からひと口分のエサを差し出し、犬が顔を近づけたらスーッと引くと、自然に首輪に頭を入れます。くり返すうち、自分から頭を入れてくるようになります。

CASE 8 しゃがんでしまい、動かなくなる

▶▶▶ リードをチョンチョン引いて立たせて

●原因と対処法

理由はさまざまですが、飼い主に従うのを拒否しているのは明らか。しゃがんだらリードをチョンチョン引いて立たせるのをくり返します。怖いものがある場合は、そこだけ抱いて通り過ぎます。大型犬は散歩のコースを変えて。

悩み 5

ハウスとトイレのしつけを子犬のころから始めて

トイレのトラブル

トイレのトラブルは、環境が整っていないことがいちばんの原因です。
いつもはハウスに入れておき、タイミングよくトイレに連れていくことがポイント。

トイレのトラブルの原因とは？

放し飼いが定着してしまうとなかなかうまくできない

トイレを覚えないのは、家の中での放し飼いが多くの原因です。放し飼いをやめ、ハウスで過ごさせる習慣をつけることが解決への近道です。

犬はきれい好きな動物なので、自分の寝る場所では排泄しません。この習性を利用し、ふだんはハウスに入れておき、眠りから覚めたときや食事の後などに、タイミングよくサークルで囲ったトイレに連れて行きましょう。

少し動いているうちに排泄するので、トイレはハウスの3倍くらいの大きさがあるといいでしょう。

対処法の基本

お悩み解決！

1 そそうをしても騒いだり、叱ったりしない

叱ると、排泄することが悪いことだと犬が思ってしまい、隠れてするようになってしまいます。また大声で騒ぐと、注目されていると勘違いしてしまいます。

◆

2 飼育環境を見直す

放し飼いにしていたり、サークルの中にハウスとトイレを一緒に置いたりしていると、うまくトイレのしつけが身につきません。ハウスとトイレは離れた場所に設置して、ふだんからハウスで過ごす習慣をつけさせましょう。

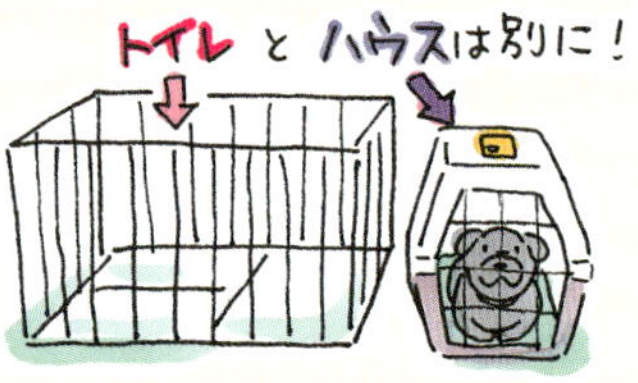

CASE 1

トイレをなかなか覚えない

▶▶▶ 飼育環境を整えて、繰り返ししつけを

●原因と対処法

放し飼いが主な原因です。ふだんはハウスに入れ、出すときにトイレに連れて行きましょう。これをくり返すことで、トイレでの排泄を覚えます。

留守中にそそうをするのは、分離不安が原因かもしれません。犬を無視して無言で後片づけをし、留守番のしつけ（96ページ）をしっかり行ないましょう。

CASE 2

室内でそそうをしてしまいがち

▶▶▶ 遊びの前後に、排泄させるようにして

●原因と対処法

特に子犬の場合、遊びに夢中になっていると、オシッコやウンチのことは忘れがちです。ハウスから出したら、遊びの前後にタイミングよくトイレに連れていきましょう。そそうをしてしまったら、犬をハウスに入れ、無視して、無言で片づけます。騒いだり、叱ったりするとエスカレートするので気をつけましょう。

CASE 3 外に出ないと排泄しない

▶▶▶ ペットシーツを使って、根気よくしつけ直しを

●原因と対処法

散歩をトイレタイムと習慣づけたのが原因です。散歩に出かけても遠くまで行かず、排泄しそうになったらサッとペットシーツを出して「チチチチ」などの声をかけ、その上にさせます。徐々に排泄場所を家に近づけていきます。やがてペットシーツと「チチチチ」の声があれば家の中で排泄できるようになります。

CASE 4 場所が変わると排泄しない

▶▶▶ 排泄時に声をかぶせると、声だけでできるように

●原因と対処法

社会化期（86ページ）の体験不足が原因と考えられます。いろいろなところに連れ歩くと、徐々に改善するでしょう。日頃から排泄時に「チチチチ」などの声をかぶせるようにしておくと、排泄を促す助けになります。

CASE 5 フンを食べてしまう

▶▶▶ 排便はトイレで必ずさせ、すぐに片づけを

●原因と対処法

食フンは犬にとっては汚いことではありません。過剰反応しないことが解決の第一歩です。食フンしても叱らずに無視しましょう。排便は必ずトイレでさせ、排便したらすぐに片づけることで解決します。

・撮影協力
藤田真喜子

しっぽ倶楽部 ユトリーヌ

・STAFF
写真
平塚修二［日本文芸社］
天野憲仁［日本文芸社］
中村宣一

本文デザイン・DTP
トライ

本文イラスト
池田須香子

テキスト
山崎陽子

構成・編集
鈴木麻子［garden］

著者紹介

藤井 聡（ふじい・さとし）

㈱オールドッグセンター全犬種訓練学校責任者。日本訓練士養成学校教頭。ジャパンケネルクラブ公認訓練範士。日本警察犬協会公認一等訓練士。日本シェパード犬登録協会公認準師範。訓練士の養成を行なう一方で、国内外のさまざまな訓練競技会に出場。家庭犬のしつけや問題行動の矯正にも取り組んでおり、各地で講演なども行なっている。カリスマ訓練士としてテレビ等でも活躍中。主な著書に『犬の気持ちがわかればしつけはカンタン！』『愛犬・本当に困った時のすぐ効くしつけ！』（小社刊）、『訓練犬がくれた小さな奇跡』（朝日新聞出版）などがある。

DVDでよくわかる！ 藤井聡の愛犬のしつけ

著　者　藤《ふじ》井《い》　聡《さとし》

発行者　友田　満

印刷所　図書印刷株式会社

製本所　図書印刷株式会社

発行所　株式会社日本文芸社

〒101-8407 東京都千代田区神田神保町1−7

電話　03-3294-8931（営業）

03-3294-8920（編集）

振替口座　00180-1-73081

Printed in Japan 112010610-112010610　Ⓝ01

ISBN978-4-537-20819-1

URL　http://www.nihonbungeisha.co.jp/

（編集担当：三浦）